数学思维秘籍

图解法学数学，很简单

3 图解代数

刘薰

四川教育出版社

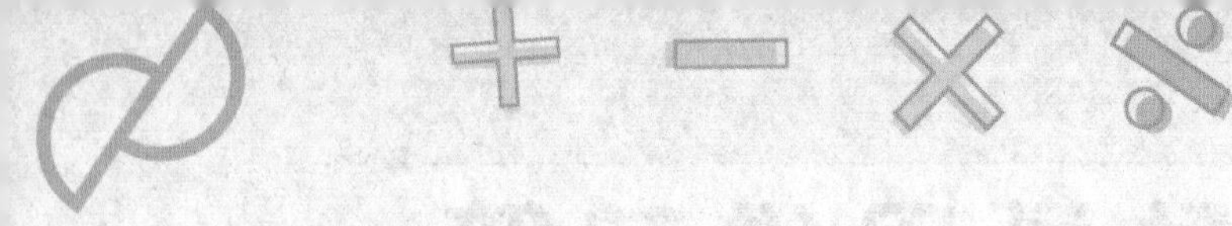

图书在版编目（CIP）数据

数学思维秘籍 ：图解法学数学，很简单. 3，图解代数 / 刘薰宇著. -- 成都 ：四川教育出版社，2020.10

ISBN 978-7-5408-7414-8

Ⅰ. ①数… Ⅱ. ①刘… Ⅲ. ①数学－青少年读物 Ⅳ. ①01-49

中国版本图书馆CIP数据核字(2020)第147835号

数学思维秘籍　图解法学数学，很简单　3 图解代数

SHUXUE SIWEI MIJI TUJIEFA XUE SHUXUE HEN JIANDAN 3 TUJIE DAISHU

刘薰宇　著

出 品 人　雷　华
责任编辑　吴贵启
封面设计　郭红玲
版式设计　石　莉
责任校对　林蓓蓓
责任印制　高　怡
出版发行　四川教育出版社
地　　址　四川省成都市黄荆路13号
邮政编码　610225
网　　址　www.chuanjiaoshe.com
制　　作　大华文苑（北京）图书有限公司
印　　刷　三河市刚利印务有限公司
版　　次　2020年10月第1版
印　　次　2020年11月第1次印刷
成品规格　145mm × 210mm
印　　张　4
书　　号　ISBN 978-7-5408-7414-8
定　　价　198.00元（全10册）

如发现质量问题，请与本社联系。总编室电话：（028）86259381
北京分社营销电话：（010）67692165　北京分社编辑中心电话：（010）67692156

前言

为了切实加强我国数学科学的教学与研究，科技部、教育部、中科院、自然科学基金委联合制定并印发了《关于加强数学科学研究工作方案》。方案中指出数学实力往往影响着国家实力，几乎所有的重大发现都与数学的发展与进步相关，数学已经成为航空航天、国防安全、生物医药、信息、能源、海洋、人工智能、先进制造等领域不可或缺的重要支撑。这充分表明国家对数学的高度重视。

特别是随着大数据、云计算、人工智能时代的到来，在未来生活和生产中，数学更是与我们息息相关，数学科学和人才尤其重要。华为公司创始人兼总裁任正非曾公开表示："其实我们真正的突破是数学，手机、系统设备是以数学为中心。"

数学是一门通用学科，是很多学科与科学的基础。在未来社会，数学将是提高竞争力的关键，也是国家和民族发展繁荣的抓手。所以，数学学习应当从娃娃抓起。

同时，数学是一门逻辑性非常强而且非常抽象的学科。让数学变得生动有趣的关键，在于教师和家长能正确地引导孩子，精心设计数学教学和辅导，提高孩子的学习兴趣。在数学教学与辅导中，教师和家长应当采取多种方法，充分调动孩子的好奇心和求知欲，使孩子能够感受学习数学的乐趣和收获成功的喜悦，从而提高他们自主学习和解决问题的兴趣与热情。

为了激发广大少年儿童学习数学的兴趣，我们特别推出了《数学思维秘籍》丛书。它集中了我国著名数学教育家刘薰宇的数学教学经验与成果。刘薰宇老师1896年出生于贵阳，毕业于北京高等师范学校数理系，曾留学法国并在巴黎大学研究数学，回国后在许多大学任教。新中国成立后，刘老师曾担任人民教育出版社副总编辑等职。

刘老师曾参与审定我国中小学数学教科书，出版过科普读物，发表了大量数学教育方面的论文。著有《解析几何》《数学的园地》《数学趣味》《因数与因式》《马先生谈算学》等。他将数学和文学相结合，用图解法直接解答有关数学问题，非常生动有趣。特别是介绍数学理论与方法的文章，通俗易懂，既是很好的数学学习导入点，也是很好的数学启蒙读物，非常适合中小学生阅读。

刘老师的作品对著名物理学家、诺贝尔奖得主杨振宁，著名数学家、国家最高科学技术奖获得者谷超豪，著名数学家齐民友，著名作家、画家丰子恺等都产生过深远影响，他们都曾著文记述。杨振宁曾说，曾有一位刘薰宇先生，写过许多通俗易懂和极其有趣的数学文章，自己读了才知道排列和奇偶排列这些极为重要的数学概念。谷超豪曾说，刘薰宇的作品把他带入了一个全新的世界。

在当前全国掀起学习数学热潮的大好形势下，我们在忠实于原著的基础上，对部分语言进行了更新；对作品进行了拆分和优化组合，且配上了精美插图；更重要的是，增加了相应的公式定理、习题讲解、奥数试题、课外练习及参考答案等。对原著内容进行的丰富和拓展，使之更适合现代少年儿童阅读、理解和运用，从而更好地帮助孩子开拓数学思维。相信本书将对广大少年儿童、教师以及家长具有较强的启迪和指导作用。

目 录

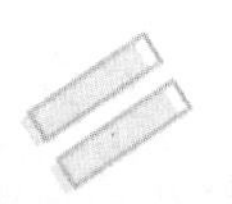

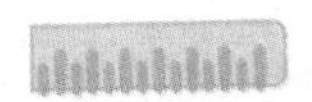
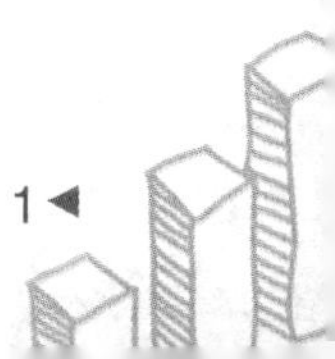

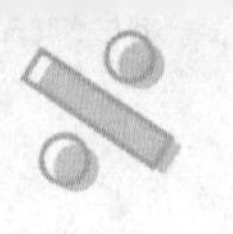

◆ 流水与行船的速度

“这次，我们先来探究这种运动的事实。”马先生说。

“运动是力的作用，这是学过物理的人都应当知道的常识。在流水中行船，这种运动受几个力的影响呢？”

“两个：一是水流产生的力；二是人力。”我们都可以想到。

“我们叫水流的速度是流速；人划船使船前进的速度，叫漕速。那么，在流水上行船，这两种速度的关系是怎样的呢？”

“下行速度=漕速+流速，上行速度=漕速-流速。”这是王有道的回答。

例1：水程30千米，顺流划行5小时可达，逆流划行10小时可达，水的流速和船的漕速是怎样的？

经过前面的探究，我们已知道，这简直和“和差问题”没什么两样。

水程30千米，顺流划行5小时可达，所以下行的速度，就是漕速和流速的“和”，是6千米/时。

逆流划行10小时可达，所以上行的速度，就是漕速和流速的“差”，是3千米/时。

很容易就能画出上面的图（如图1-1），计算如下：

漕速为（30÷5+30÷10）÷2=（6+3）÷2=4.5（千米/时）；

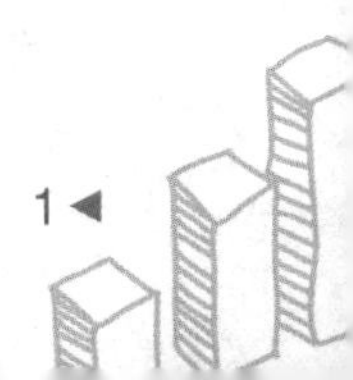

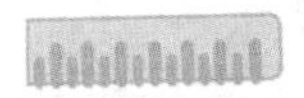

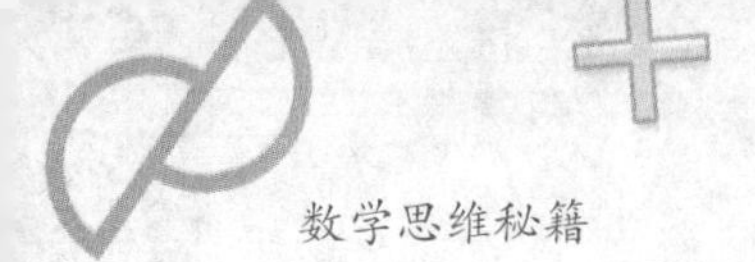

流速为(30÷5−30÷10)÷2=(6−3)÷2=1.5(千米/时)。

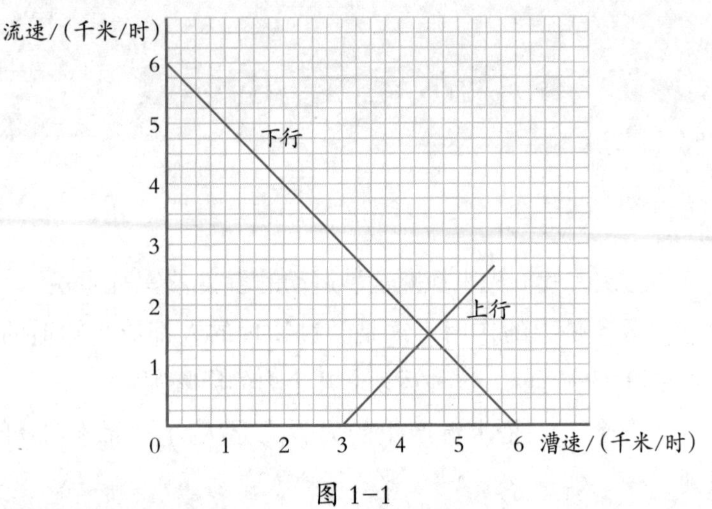

图 1–1

例2：王老七的船，从宋庄下行到王镇，漕速是3.5千米/时，流速是1.5千米/时，6小时可达，回来需要几小时?

马先生写完了题，问："运动问题总是由速度、时间和距离三项中的两项求其他一项，本题所求的是哪一项?"

"时间!"又是一群小孩子似的回答。

"那么，应当知道些什么呢?"

"速度和距离。"有三个人说。

"速度怎样?"

"漕速和流速的差，是2千米/时。"周学敏说。

"距离呢?"

"下行的速度是漕速同流速的和，是5千米/时，共行6小时，所以是30千米。"王有道说。

"对的，不过如果是画图（如图1–2），只要参照一定倍数的关系，画直线*AB*就行了。王老七要从*B*回到*A*，每小时

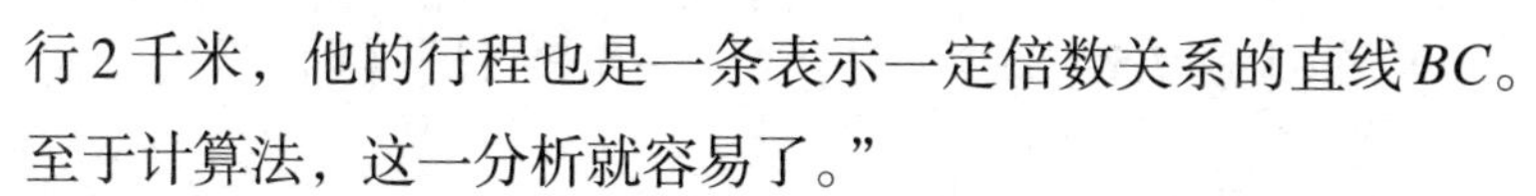

行2千米，他的行程也是一条表示一定倍数关系的直线BC。至于计算法，这一分析就容易了。”

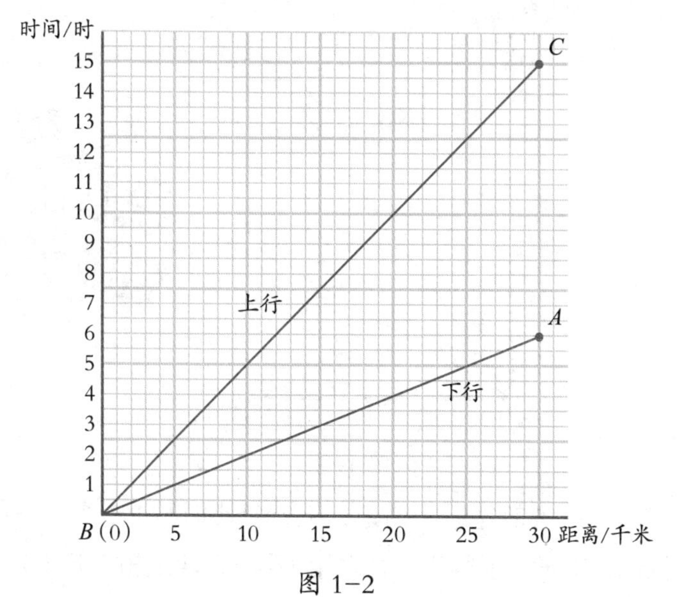

图 1–2

马先生不曾说出计算法，也没有要我们各自做，我将它补充在这里：$(3.5+1.5)\times 6\div(3.5-1.5)=30\div 2=15$（时）。

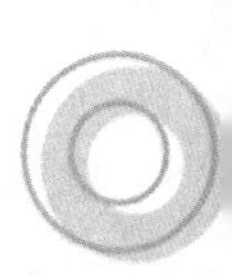

例3：水流每小时1千米，顺水5小时可行17.5千米的船，回来需几小时？

此题，在形式上好像比例2曲折，但马先生叫我们抓住速度、时间和距离三项的关系去想，真是“会者不难”！

如图1–3，直线AB表示船下行的速度、时间和距离的关系。漕速和流速的和是3.5千米/时，而流速是1千米/时，所以它们的差1.5千米/时，便是上行的速度。

依照一定倍数的关系作直线AC，这图就完成了。算法也很容易懂得：

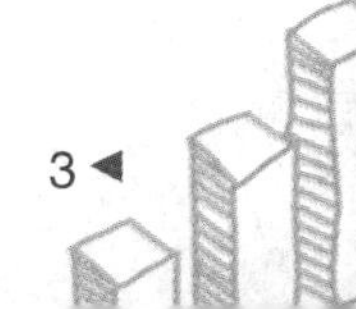

$$17.5\div[(17.5\div5-1)-1]=17.5\div1.5=11\frac{2}{3}\text{（时）}。$$

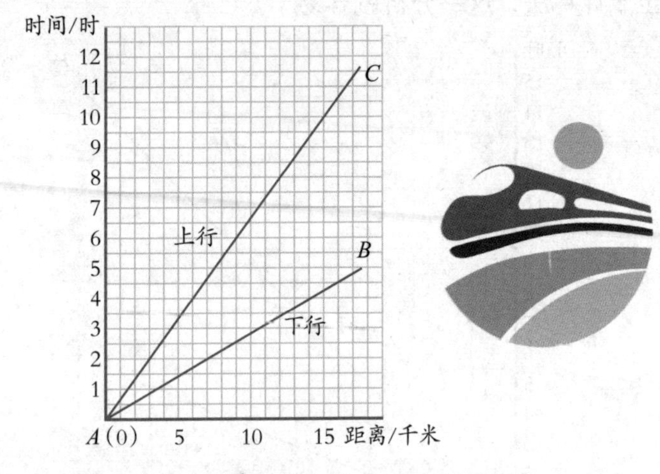

图 1-3

例4：一条船往返于两地，上行每小时行1千米，下行每小时行1.5千米，上行比下行多用2小时，两地相距几千米？

依照表示一定倍数关系的方法，我们画图（图1-4）。

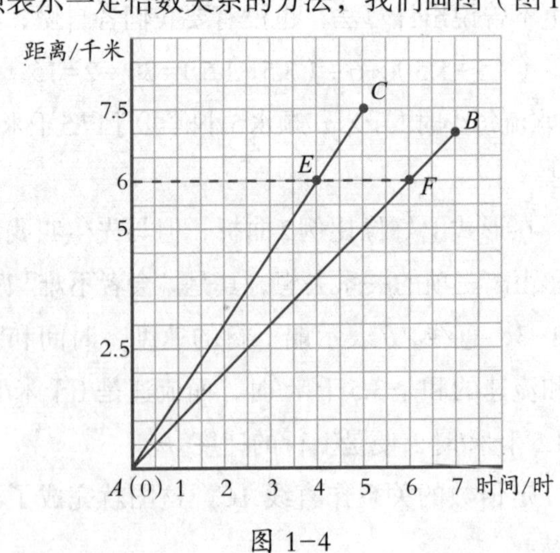

图 1-4

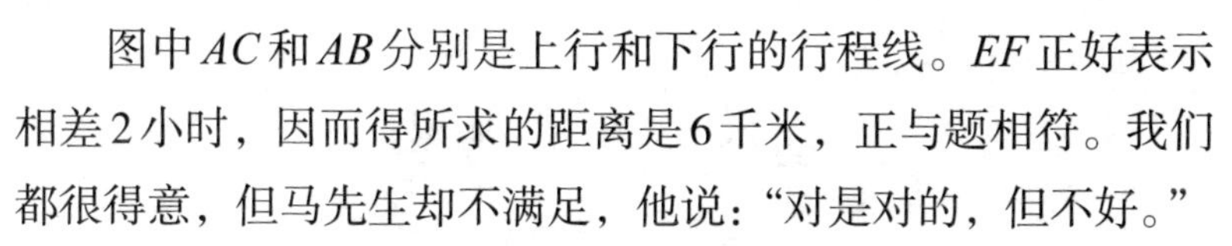

图中AC和AB分别是上行和下行的行程线。EF正好表示相差2小时，因而得所求的距离是6千米，正与题相符。我们都很得意，但马先生却不满足，他说：“对是对的，但不好。”

“为什么对了还不好呢？”我们有点儿不服。

马先生说：“EF这条线，是先看好了距离凑巧画的，自然也是一种办法。不过，如果有别的更准确、可靠的方法，那岂不是更好吗？”

“……”大家默然。

“题上已说明相差2小时，那么表示下行的AC线，如果从2小时那点画起，则得交点E（如图1-5），岂不更清晰明了吗？”

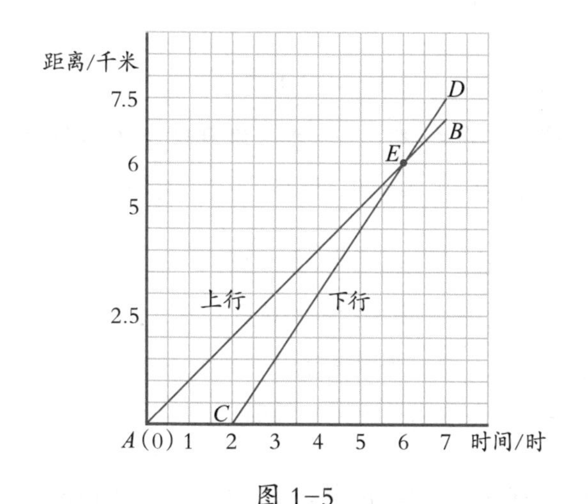

图 1-5

真的！这样一来是更好了一点儿！由此可以知道，学习真是不容易。古人说“开卷有益”，我感到“听讲有益”，就是自己已经知道了的，有机会也得多听取别人的意见。

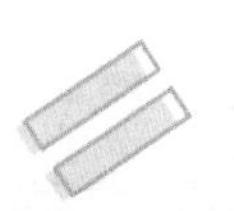

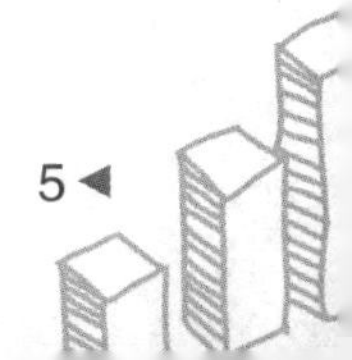

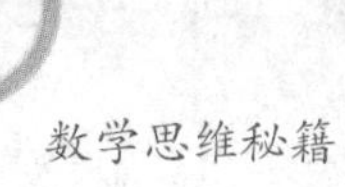

基本公式与例题

流水行船问题又叫流水问题，是指船在水中航行时，除了本身的前进速度外，还受到水流速度的影响。这几种速度的关系可以用图1.1-1来表达。

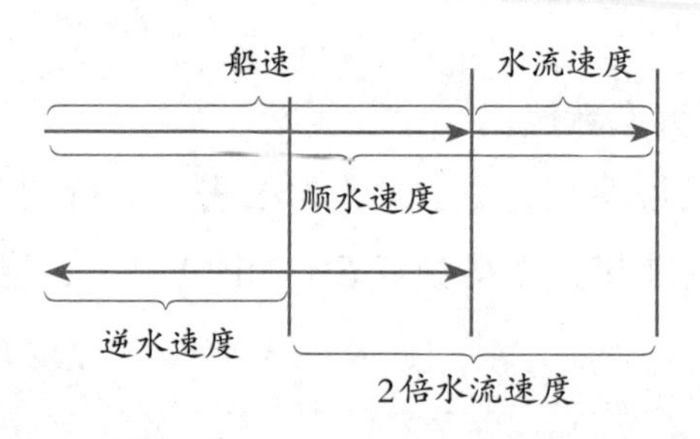

图 1.1-1

水流速度、顺水速度、逆水速度和船速（船在静水中的速度）这几个速度的关系，也可以用下面的公式来表达：

顺水速度＝船速＋水流速度，

逆水速度＝船速－水流速度，

船速＝（顺水速度＋逆水速度）÷2，

水速＝（顺水速度－逆水速度）÷2。

例1：船在静水中的速度为13千米/时，水流的速度为3千米/时，甲港到乙港的距离为240千米，船从甲港到乙港为顺水。船往返于甲港和乙港所需要的时间分别是多少？

解：顺水速度为13＋3＝16（千米/时），

逆水速度为13－3＝10（千米/时）。

返甲港所需时间为240 ÷ 10 = 24（时），

返乙港所需时间为240 ÷ 16 = 15（时）。

答：返甲港所需时间是24小时，返乙港所需时间是15小时。

例2：一艘船在水中航行，顺水速度为15千米/时，逆水速度为10千米/时。求这艘船的船速和水速分别是多少。

解：船速为（15 + 10）÷ 2 = 12.5（千米/时），

水速为（15 − 10）÷ 2 = 2.5（千米/时）。

答：这艘船的船速是12.5千米/时，水速是2.5千米/时。

例3：两个码头相距360千米，一艘汽艇顺水行完全程需9小时，这条河水的流速为5千米/时。请问这艘汽艇的速度是多少？

解：顺水速度为360 ÷ 9 = 40（千米/时），

汽艇的速度为40 − 5 = 35（千米/时）。

答：这艘汽艇的速度是35千米/时。

例4：一艘轮船在静水中航行的速度为15千米/时，水流的速度为3千米/时。这艘轮船顺水航行270千米到达目的地。它用了几个小时？如果按原航道返回，需要几个小时？

解：顺水速度为15 + 3 = 18（千米/时），

逆水速度为15 − 3 = 12（千米/时）。

到达目的地用时为270 ÷ 18 = 15（时），

按原航道返回需用时为270 ÷ 12 = 22.5（时）。

答：到达目的地用了15小时，按原航道返回需要22.5小时。

例5：一艘船从甲码头顺水航行20小时到达乙码头，已知

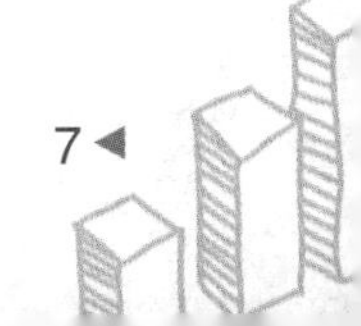

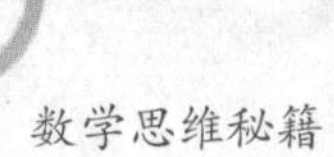

船在静水中的航行速度是24千米/时，水流速度是4千米/时。请问甲、乙两个码头相距多少千米？

解：（24+4）×20=560（千米）。

答：甲、乙两个码头相距560千米。

例6：甲、乙两码头相距560千米，一艘船从甲码头顺水航行20小时到达乙码头。已知船在静水中的速度是24千米/时，请问这艘船返回甲码头需要几小时？

解：顺水速度为560÷20=28（千米/时），

水速为28－24=4（千米/时），

逆水速度为24－4=20（千米/时）。

返回甲码头需用时间为560÷20=28（时）。

答：这艘船返回甲码头需要28小时。

应用习题与解析

1. 基础练习题

（1）两个码头相距360千米，一艘汽艇顺水航行全程一共需要9小时，这条河的水流速度为5千米/时。这艘汽艇逆水行完全程需要几小时？

考点：流水行船问题。

分析：已知距离和顺水航行的时间，就可以求出汽艇的顺水速度，即距离÷时间=速度。已知水速和已经求出的顺水速度，就可以求出逆水速度和行完全程用时。

解：360÷9=40（千米/时），

40－5=35（千米/时），

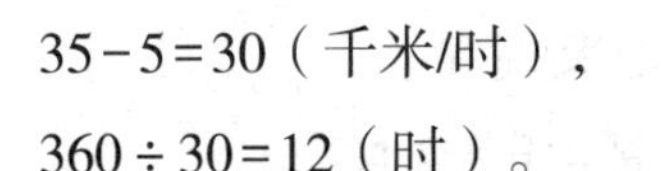

35－5＝30（千米/时），

360÷30＝12（时）。

答：这艘汽艇逆水行完全程需要12小时。

（2）甲、乙两港相距208千米，一艘船从甲港开往乙港，顺水8小时到达；从乙港返回甲港，逆水13小时到达。这艘船在静水中的速度和水流速度分别是多少？

考点：流水行船问题。

分析：已知距离和时间，就可以求出速度，即：距离÷时间＝速度。根据所求出的顺水速度和逆水速度，就可以根据公式，算出船速和水速。

解：208÷8＝26（千米/时），

208÷13＝16（千米/时）。

（26＋16）÷2＝21（千米/时），

（26－16）÷2＝5（千米/时）。

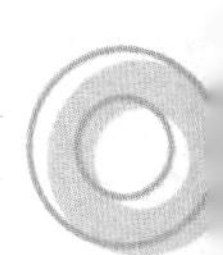

答：船在静水中的速度是21千米/时，这条河的水流速度是5千米/时。

（3）两个码头相距418千米，一艘客船顺流而下行完全程需要11小时，逆流而上行完全程需要19小时。这条河的水流速度是多少？

考点：流水行船问题。

分析：已知距离和时间，就可以求出速度，即距离÷时间＝速度。根据已经求出的顺水速度和逆水速度，就可以根据公式算出水流速度。

解：418÷11＝38（千米/时），

418÷19＝22（千米/时）。

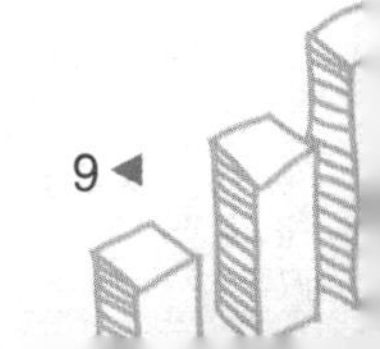

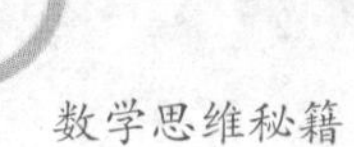

（38－22）÷2=8（千米/时）。

答：这条河的水流速度是8千米/时。

（4）某船在静水中的速度是18千米/时，水流速度是2千米/时。这条船从甲地逆水航行到乙地需要15小时。请问甲、乙两地间的路程是多少千米？这条船从乙地回到甲地需要多少小时？

考点：流水行船问题。

分析：因为逆水速度=船速－水流速度，又知道逆水航行所需要的时间，就可以求出甲、乙两地间的距离。因为顺流速度=船速+水流速度，从前一问已经求出两地间的距离，就可以求出时间，即距离÷速度=时间。

解：（18－2）×15=240（千米）。

240÷（18+2）=12（时）。

答：甲、乙两地间的距离是240千米，船从乙地回到甲地需要12小时。

（5）某船在静水中的速度是15千米/时，它从上游甲港驶往下游乙港一共用了8小时。已知水速为3千米/时，这艘船从乙港返回甲港需要多少小时？

考点：流水行船问题。

分析：已知水速和船速，就可以求出顺水速度和逆水速度。已知顺水所需要的航行时间为8小时，通过刚刚求出的顺水速度就可以求出距离，从而求出逆水航行的时间。

解：（15+3）×8=144（千米）。

144÷（15－3）=12（时）。

答：这艘船从乙港返回甲港需要12小时。

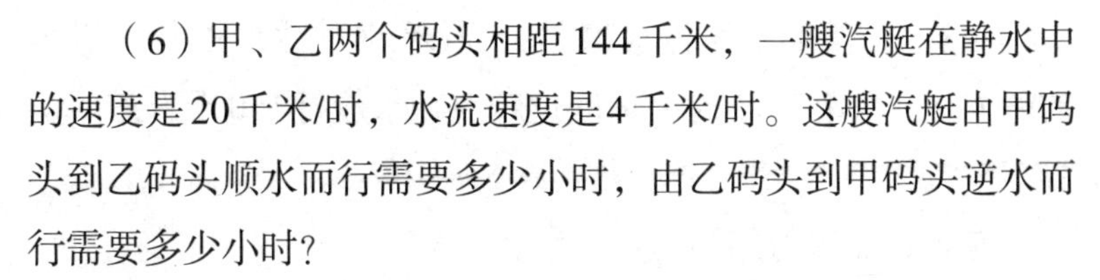

（6）甲、乙两个码头相距144千米，一艘汽艇在静水中的速度是20千米/时，水流速度是4千米/时。这艘汽艇由甲码头到乙码头顺水而行需要多少小时，由乙码头到甲码头逆水而行需要多少小时?

考点：流水行船问题。

分析：已知水速和船速，就可以求出顺水速度和逆水速度。又知道两个码头的距离是144千米，从而可以求出时间，即时间=距离÷速度。

解：144÷（20+4）=6（时）。

144÷（20−4）=9（时）。

答：这艘汽艇由甲码头到乙码头顺水而行需要6小时，由乙码头到甲码头逆水而行需要9小时。

（7）一条大河，河中间主航道的水流速度是8千米/时，沿岸边的水流速度是6千米/时，一艘船在河中间顺流而下，6.5小时航行260千米。这艘船沿岸边返回原地需要多少小时?

考点：流水行船问题。

分析：这艘船顺流而下的速度=距离÷时间，260÷6.5=40（千米/时）。在静水中的速度是顺水速度−流速，40−8=32（千米/时）。已知水速和流速，可以求出这艘船的逆水速度，从而求出这艘船沿岸边返回原地需要的时间。

解：260÷6.5=40（千米/时），

40−8=32（千米/时），

32−6=26（千米/时），

260÷26=10（时）。

答：这艘船沿岸边返回原地需要10小时。

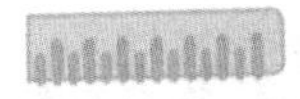

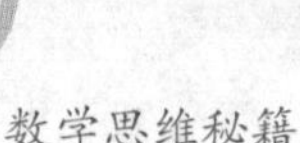
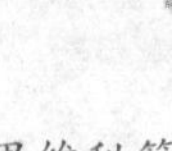

（8）一艘船在水流速度是2500米/时的水中航行，逆水航行120千米用24小时。请问这艘船顺水航行150千米需要多少小时？

考点：流水行船问题。

分析：这道题并不难，需要仔细审题，这道题的水流速度是2500米/时，而逆水航行、顺水航行的距离单位都是“千米”，所以解题时要注意单位的转化。

解：2500米/时=2.5千米/时，

150÷（120÷24+2.5×2）

=150÷（5+5）

=150÷10

=15（时）。

答：这艘船顺水航行150千米需要15小时。

（9）A、B两个码头相距180千米，甲船逆水行完全程要用18小时，乙船逆水行完全程要用15小时，甲船顺水行完全程要用10小时。请问乙船顺水行完全程要用几小时？

考点：流水行船问题。

分析：这道题需要通过甲船的信息求水流速度，已知两地相距180千米、甲船的顺水行船时间和逆水行船时间，就可以求出水流的速度=（顺水速度－逆水速度）÷2，即（180÷10－180÷18）÷2=4（千米/时）。根据乙船逆水行完全程的时间，可以求出乙船逆水航行的速度是180÷15=12（千米/时），进而求出乙船顺水行完全程所需要的时间。

解：（180÷10－180÷18）÷2

=（18－10）÷2

=4（千米/时），

180÷15+4×2

=12+8

=20（千米/时）。

180÷20=9（时）。

答：乙船顺水行完全程要用9小时。

2. 提高练习题

（1）一艘渔船顺水行25千米，用了5小时，水流的速度是1千米/时。这艘渔船在静水中的速度是多少？

分析：这艘船的顺水速度是25÷5=5（千米/时），因为"顺水速度=船速+水速"，所以此船在静水中的速度是"顺水速度-水速"，即5-1=4（千米/时）。

解：25÷5-1=4（千米/时）。

答：这艘渔船在静水中的速度是4千米/时。

（2）一艘渔船在静水中的速度是4千米/时，逆水4小时航行12千米。水流的速度是多少？

分析：船在逆水中的速度是12÷4=3（千米/时），因为逆水速度=船速-水速，所以水速=船速-逆水速度。

解：12÷4=3（千米/时），

4-3=1（千米/时）。

答：水流速度是1千米/时。

（3）一艘船顺水航行的速度是20千米/时，逆水的速度是12千米/时。这艘船在静水中的速度和水流的速度各是多少？

分析：因为船在静水中的速度=（顺水速度+逆水速度）÷2，所以这艘船在静水中的速度是（20+12）÷2=16（千米/

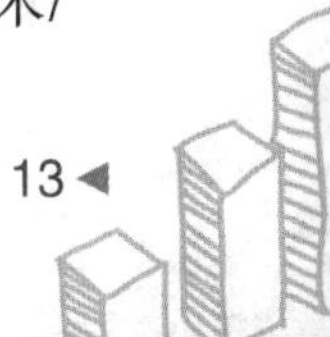

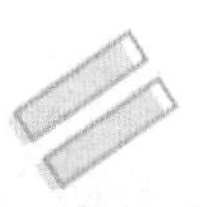

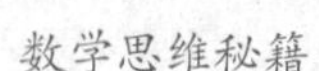

时）。依据水流的速度=（顺水速度－逆水速度）÷2，可计算出水流的速度。

解：（20+12）÷2=16（千米/时）。

（20－12）÷2=4（千米/时）。

答：这艘船在静水中的速度是16千米/时，水流速度是4千米/时。

（4）一艘油轮逆流而行的速度是12千米/时，从甲港到达乙港需要7小时，从乙港返航到甲港需要6小时。这艘船在静水中的速度是多少，水流的速度是多少？

分析：逆水而行的速度是12千米/时，7小时到达乙港，可以求出甲、乙两港的路程：12×7=84（千米）。返航是顺水，需要6小时，可求出顺水速度：84÷6=14（千米/时）。用求出的顺水速度和逆水速度，可求出水流速度：（14－12）÷2=1（千米/时）。从而可求出船在静水中的速度。

解：12×7=84（千米），

84÷6=14（千米/时）。

（14－12）÷2=1（千米/时），

12+1=13（千米/时）。

答：船在静水中的速度是13千米/时，水流速度是1千米/时。

（5）某船在静水中的速度是15千米/时，水流速度为5千米/时。这艘船在甲、乙两港之间往返一次，共用6小时，甲、乙两港之间的航程是多少千米？

分析：知道船在静水中速度和水流速度，可求船的逆水速度是15－5=10（千米/时），顺水速度是15+5=20（千米/

时）。甲、乙两港的路程一定，往返的时间比与速度成反比，即速度比是10÷20=1：2，那么所用时间比为2：1。根据往返共用6小时，按比例分配可求出往返各用的时间，逆水时间为6÷（2+1）×2=4（时），再根据速度乘时间求出路程即可。

解：15−5=10（千米/时），

15+5=20（千米）。

10：20=1：2。

 6÷（2+1）×2

=6÷3×2

=4（时），

（15−5）×4

=10×4

=40（千米）。

答：甲、乙两港之间的航程是40千米。

（6）一艘船从甲地开往乙地，逆水航行的速度是24千米/时，到达乙地后，又从乙地返回甲地，比逆水航行少用2.5小时到达。已知水流速度是3千米/时，甲、乙两地间的距离是多少千米？

分析：逆水航行的速度是24千米/时，水速是3千米/时，那么顺水速度是24+3+3=30（千米/时）。已知顺水比逆水行完全程少用2.5小时，可以求出2.5小时顺水可以航行30×2.5=75（千米），因为每小时顺水比逆水多航行30−24=6（千米），那么几小时能多航行75千米就是逆水航行的时间。

解：24+3×2=30（千米/时），

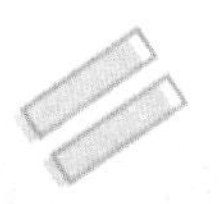

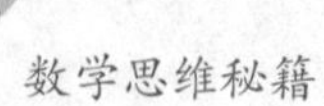

$30 \times 2.5 = 75$（千米），

$75 \div (30 - 24) = 12.5$（时）。

$24 \times 12.5 = 300$（千米）。

答：甲、乙两地间的距离是300千米。

（7）一艘轮船在甲、乙两个码头之间航行，顺水要8小时行完全程，逆水要10小时行完全程。已知水流速度是3千米/时，甲、乙两码头之间的距离是多少千米？

分析：顺水航行8小时，比逆水航行8小时可多行$3 \times 2 \times 8 = 48$（千米），而这48千米正好是逆水（10－8）小时所行的路程，可求出逆水速度为$48 \div 2 = 24$（千米/时），从而可求出距离。

解：$3 \times 2 \times 8 = 48$（千米），

$48 \div (10 - 8) = 24$（千米/时）。

$24 \times 10 = 240$（千米）。

答：甲、乙两码头之间的距离是240千米。

（8）一条河有上、下两个码头，相距120千米，每天定时有甲、乙两艘同样速度的客船从上、下两个码头同时相对开出。这天，甲船刚出发，便有一个漂浮物从它上面落入水中，并顺水漂浮而下，5分钟后，与甲船相距2千米，预计乙船出发几小时后可与漂浮物相遇。

分析：从甲船落下的漂浮物，顺水而下，速度是“水速”，甲船顺水而下，速度是“船速＋水速”，船每分钟与漂浮物相距是（船速＋水速）－水速＝船速，所以由5分钟相距2千米可求甲的船速是$2 \div (5 \div 60) = 24$（千米/时）。因为乙船速与甲船速相等，乙船逆流而行，速度为船速－水速，乙船

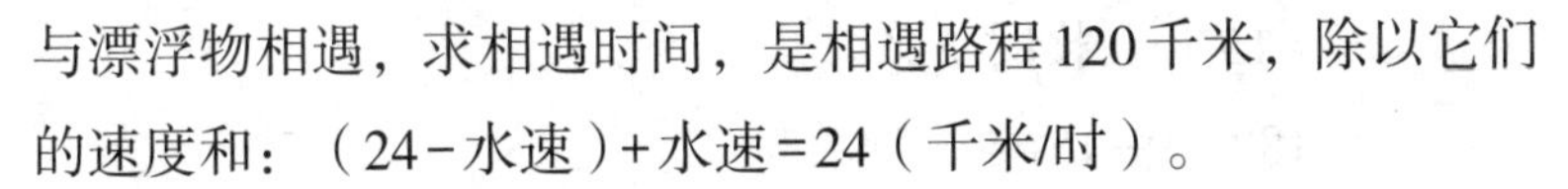

与漂浮物相遇，求相遇时间，是相遇路程120千米，除以它们的速度和：（24－水速）+水速=24（千米/时）。

解：2÷（5÷60）=24（千米/时），

120÷24=5（时）。

答：乙船出发5小时后，可与漂浮物相遇。

奥数习题与解答

（1）乙船顺水航行3小时，航行120千米，返回原地用了4小时。甲船顺水航行同一段水路，用了4小时。甲船返回原地比去时多用了几小时?

解：（120÷3－120÷4）÷2

=（40－30）÷2

=10÷2

=5（千米/时），

120÷4－5×2=20（千米/时）。

120÷20=6（时），

6－4=2（时）。

答：甲船返回原地比去时多用了2小时。

(2) 一艘船往返于相距180千米的两港之间，顺水而下需要用10小时，逆水而上需要用15小时。由于暴雨后水速增加，这条船顺水而行只需要9小时，那么逆水而行需要几小时呢?

解：（180÷10+180÷15）÷2

=（18+12）÷2

=30÷2

$=15$（千米/时），

$180\div9-15=5$（千米/时）。

$180\div(15-5)=18$（时）。

答：逆水而行需要18小时。

（3）两港相距56千米，甲船往返两港需要用10.5小时，逆流航行比顺流航行多用了3.5小时。乙船的静水速度是甲船的静水速度的2倍，那么乙船往返两港需要多少小时？

解：$(10.5+3.5)\div2=7$（时），

$(10.5-3.5)\div2=3.5$（时）。

$56\div7=8$（千米/时），

$56\div3.5=16$（千米/时），

$(16+8)\div2=12$（千米/时），

$(16-8)\div2=4$（千米/时），

$12\times2=24$（千米/时）。

$56\div(24+4)+56\div(24-4)=4.8$（时）。

答：乙船往返两港需要4.8小时。

（4）一艘轮船往返于A、B两地之间，由A地到B地是顺水航行，由B地到A地是逆水航行。已知船在静水中的速度是20千米/时，由A地到B地用了6小时，由B地到A地所用的时间是A地到B地所用时间的1.5倍。水流速度是多少？

解：设水流速度为x千米/时，则船由A地到B地行驶的路程为$[(20+x)\times6]$千米，由B地到A地行驶的路程为$[(20-x)\times6\times1.5]$千米。

$(20+x)\times6=(20-x)\times6\times1.5$，

$120+6x=180-9x$，

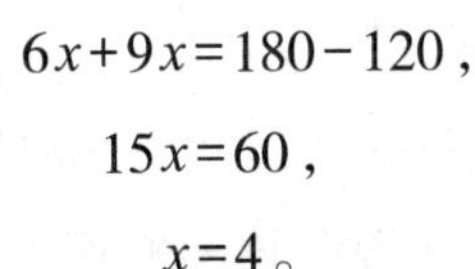

$$6x+9x=180-120,$$
$$15x=60,$$
$$x=4。$$

答：水流速度是4千米/时。

（5）A、B两港相距360千米，甲轮船往返两港需要35小时，逆水航行比顺水航行多用了5小时。乙轮船在静水中的速度是12千米/时，乙轮船往返两港要多少小时？

解：甲轮船逆水航行的时间：（35+5）÷2=20（时），

甲轮船顺水航行的时间：（35−5）÷2=15（时）。

甲轮船的逆水速度：360÷20=18（千米/时），

甲轮船的顺水速度：360÷15=24（千米/时）。

水速：（24−18）÷2=3（千米/时），

乙轮船的顺水速度：12+3=15（千米/时），

乙轮船的逆水速度：12−3=9（千米/时）。

乙轮船往返两港所用时间：

360÷15+360÷9=64（时）。

答：乙轮船往返两港要64小时。

课外练习与答案

1. 基础练习题

（1）一艘渔船顺水航行的速度是18千米/时，逆水航行的速度是15千米/时，船速和水速分别是多少？

（2）一艘轮船往返于两码头之间，在相同时间内，如果它顺流而下能航行10千米，逆流而上能航行8千米，水流速度

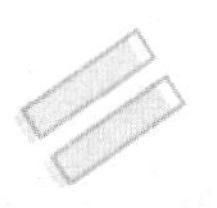

是3千米/时。顺水、逆水速度分别是多少？

（3）一艘海轮在海中航行，顺风时每小时航行45千米，逆风时每小时航行31千米。这艘海轮的航速是多少？风速又是多少？

（4）某船在静水中的速度是15千米/时，它从上游甲地开往下游乙地共用了8小时，水速为3千米/时。此船从乙地返回甲地需要多少时间？

（5）小刚和小强租一条小船，向上游划去，不慎把水壶掉进江中，当他们发现并掉过船头时，水壶与船已经相距2千米。已知小船的速度是4千米/时，水流速度是2千米/时，那么他们追上水壶需要多少小时？

（6）甲、乙两船在静水中的速度分别为24千米/时和32千米/时，两船从相距336千米的两港同时出发，相对而行。这两条船几小时能够相遇？如果同向而行，甲船在前，乙船在后，那么乙船几小时后能追上甲船？

（7）甲、乙两船在静水中的速度相同，它们同时从一条河的两个码头相对驶出，3小时后相遇。已知水流速度是4千米/时，相遇时甲、乙两船航行的距离相差多少千米？

（8）一艘船在河里航行，顺流而下每小时航行18千米。已知这艘船下行2小时恰好与上行3小时所行的路程相等，这艘船的船速和水速分别是多少？

（9）光明号渔船顺水而下行200千米需要10小时，逆水而上行120千米也要10小时。那么，它在静水中航行320千米需要多少小时？

（10）一艘轮船用相同的船速（静水中的速度）往返于两

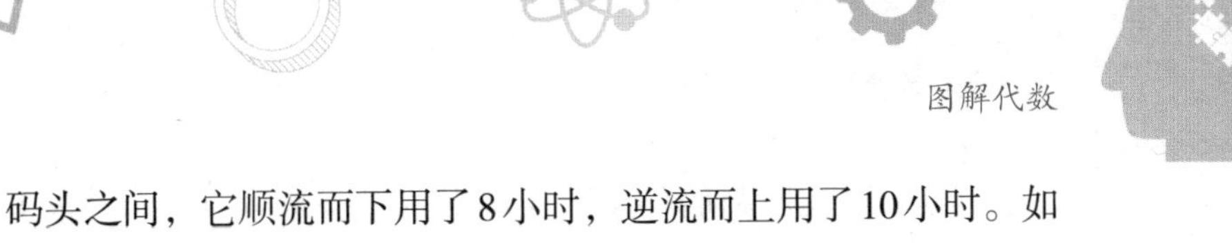

码头之间，它顺流而下用了8小时，逆流而上用了10小时。如果水流速度是3千米/时，两码头之间的距离是多少千米？

2. 提高练习题

（1）一艘柴油机船所带的燃料最多可以用7小时，去时顺流每小时可以航行40千米；回时逆流，每小时可以航行30千米。这艘船最多航行出多少千米就需要往回航行？

（2）两个码头相距352千米，一船顺流而下行完全程需要11小时，逆流而上行完全程需要16小时。这条河的水流速度是多少？

（3）一艘船从A地顺流到B地，顺水速度是32千米/时，水流速度是4千米/时，2天可以到达。这艘船从B地返回到A地需多少小时？

（4）有一艘船完成360千米的水程运输任务，顺流而下20小时到达，但逆流而上则需30小时。这条河的河水流速是多少，这艘船在静水中的速度是多少？

（5）一艘轮船以同样的船速（船在静水中的速度）往返于甲、乙两个港口，它顺流而下用了7小时，逆流而上用了10小时。如果水流速度是3.6千米/时，甲、乙两个港口之间的距离是多少千米？

（6）一艘船在静水中速度为19千米/时，在176千米长河中逆水而行用了11个小时。这艘船返回原处需要用多少小时？

（7）一艘轮船从河的上游甲港顺流到达下游的丙港，然后掉头逆流向上到达中游的乙港，一共用了7小时。已知这艘轮船的顺流速度是逆流速度的1.4倍，水流速度是2千米/时，甲、乙两港相距26千米。甲、丙两港间的距离为多少千米呢？

（8）甲、乙两船分别从A港顺水而下至480千米外的B港，静水中甲船每小时航行56千米，乙船每小时航行40千米，水速为8千米/时。乙船出发后1.5小时甲船才出发，甲船到B港后返回与乙船迎面相遇同，相遇处距离A港多少千米？

3. 经典练习题

（1）甲船和漂流物同时由A港向B港而行，乙船也同时由B港向A港而行。甲船行1小时后与漂流物相距20千米，乙船行3小时后与漂流物相遇，两船的船速相同。A、B两港相距多少千米？

（2）已知一艘船从上游向下游航行，经过9小时后，航行了297千米。已知船速是30千米/时，水速是多少？

（3）甲、乙两港相距200千米，一艘轮船从甲港顺流而下10小时到达乙港，已知船速是水速的9倍。这艘轮船从乙港返回甲港需要用多少小时？

（4）一艘轮船从上游的甲港到下游的乙港，两港间的水路长72千米，已知这艘船顺水2小时能行48千米，逆水3小时能行48千米。开船时，一个小朋友放了个木制玩具在水里，船到乙港时玩具距离乙港还有多少千米？

（5）一艘货轮从甲港到乙港顺流而下要8小时，返回时每小时比顺水少行驶10千米，已知甲、乙两港相距208千米。返回时比去时多行驶几小时？水流的速度是多少？

（6）一条机动船在水流速度为3千米/时的河中逆流而上，4小时航行了48千米。返回时，水流速度是逆流而上时的2倍，需要几小时能够航行105千米？

答 案

1. 基础练习题

（1）水速是1.5千米/时，船速是16.5千米/时。

（2）顺水速度是30千米/时，逆水速度是24千米/时。

（3）这艘海轮的航速是38千米/时，风速是7千米/时。

（4）此船从乙地返回甲地需要12小时。

（5）他们追上水壶需要0.5小时。

（6）这两条船6小时能够相遇，乙船42小时后能追上甲船。

（7）相遇时甲、乙两船航行的距离相差24千米。

（8）船速是15千米/时，水速是3千米/时。

（9）它在静水中航行320千米需要20小时。

（10）两码头之间的距离是240千米。

2. 提高练习题

（1）这艘船最多航行出120千米就需要往回航行。

（2）这条河的水流速度是5千米/时。

（3）这艘船从B地返回到A地需64小时。

（4）河水流速是3千米/时，船在静水中的速度是15千米/时。

（5）甲、乙两个港口之间的距离是168千米。

（6）这艘船返回原处需要用8小时。

（7）甲、丙两港间的距离为56千米。

（8）相遇处距离A港456千米。

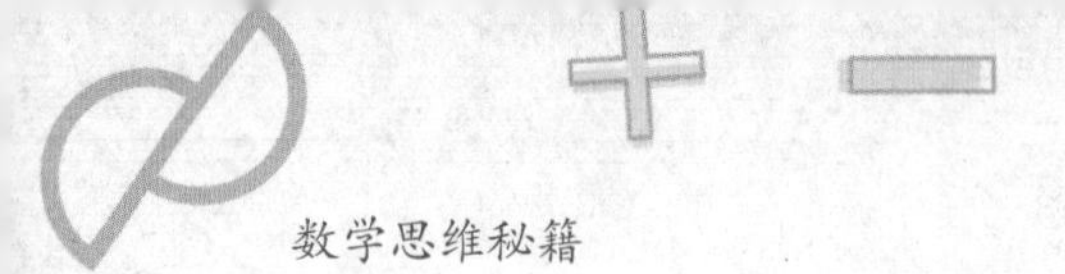

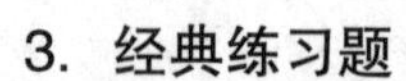

3. **经典练习题**

（1）A、B两港相距60千米。

（2）这条河的水速是3千米/时。

（3）这艘轮船从乙港返回甲港需要用12.5小时。

（4）船到乙港时玩具距离乙港还有60千米。

（5）返回比去时多行5小时，水速是5千米/时。

（6）需要5小时能够航行105千米。

◆ 数量的多与少

“今天有诗一首。”马先生见面就说。

例1：

> 隔墙听得客分银，不知人数不知银。
> 七两分之多四两，九两分之少半斤。
> （注：1两＝50克）

“如图 2-1，纵线用 2 小段表示 1 个人，横线用 1 小段表示2两银子，这样一来，‘七两分之多四两’怎样画？”

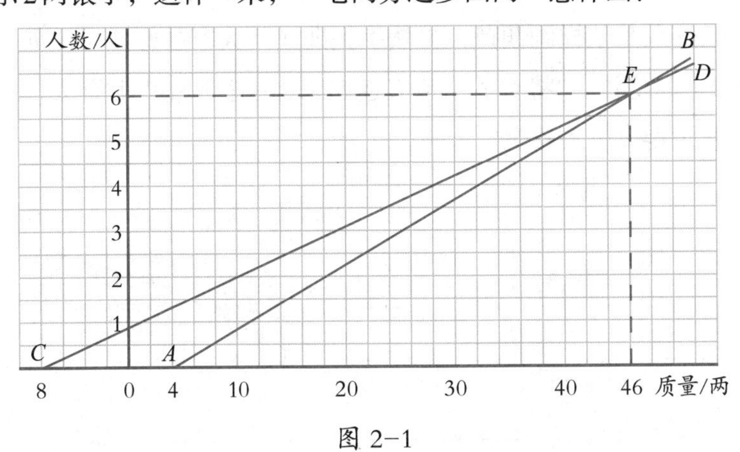

图 2-1

“先除去4两，便是‘定倍数’的关系，所以从4两的一点起，照‘纵一横七’画直线AB。”王有道说。

“那么，九两分之少半斤（旧制单位中半斤等于8两）

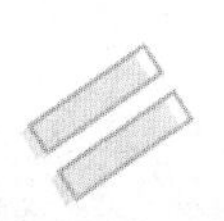

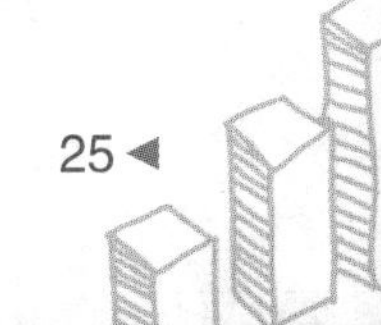

呢？”“少”字说得特别响，这给了我一个暗示，“多四两”在0的右边取4两；“少半斤”就得在0的左边取8两了，我于是回答：“从0的左边8两那点起，依‘纵一横九’，画直线CD。”

AB和CD相交于点E，从E横看得6人，竖看得46两银子，正合题目意思。由图2-1可以看出，AC表示多的与少的两数的和，正是（4+8），而每多一人所差的是2两，即9−7，因此得算法：

人数是（4+8）÷（9−7）=6；

银两数是7×6+4=46。

例2：儿童若干人，分铅笔若干支，每人取4支，剩3支；每人取7支，差6支。平均每人可得几支？

马先生要求大家先将求儿童人数和铅笔支数的图画出来，这只是依样画葫芦，自然手到即成。大家画好以后（如图2-2），他说：“将O和交点E连起来，由这条直线上看去，一个儿童得多少支铅笔？”

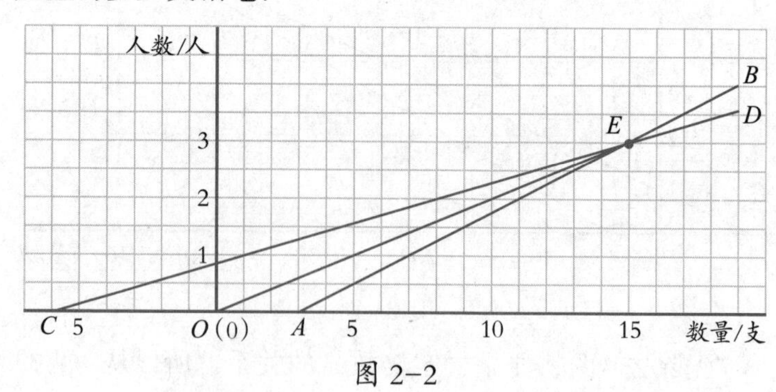

图 2-2

啊！多么容易呀！3个儿童，15支铅笔。每人4支，自然剩3支；每人7支，差6支，而平均正好每人5支。

基本概念与例解

数量的多与少是数学中最基础的题型。数量是指某事物的量的多少，比如，采摘苹果的多少，爸爸比儿子吃的葡萄多，儿子比爸爸吃的葡萄少，等等。

解答此类问题一般有两种方法，一种是直接列式计算解答，另一种方法是列方程解答。

例1：某工厂将875元奖金发给三名优秀工人，第一名比第二名多得250元，第二名比第三名多得125元。三名优秀工人各得多少元？

分析：这是一道典型的关于数量的多少问题。解答这类题目关键是要弄清楚三者之间的数量关系，然后进行作答。

解：（方法一）

第一名比第三名多 $250+125=375$（元），

第三名的钱是 $[875-(250+125)-125]\div3=125$（元）；

第二名是 $125+125=250$（元）；

第一名是 $250+125+125=500$（元）。

（方法二）

设第三名得到 x 元，则第二名得到（$x+125$）元，

第一名得到（$250+125+x$）元。所以可列方程：

$x+x+125+250+125+x=875$。

解得 $x=125$。

所以第二名得到 $125+125=250$（元），

第一名得到 $250+250=500$（元）。

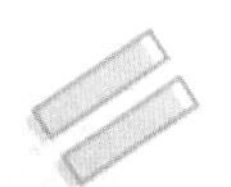

答：第一名得到500元，第二名得到250元，第三名得到125元。

例2：一筐桃子，每只猴子分6个，余6个；每只猴子分7个，少7个。有几只猴子、几个桃子？

分析：解答这道题目首先要算出来猴子的数量。

解：（方法一）

猴子：$(7+6)\div(7-6)=13\div1=13$（只）；

桃子：$7\times13-7=84$（个）或$6\times13+6=84$（个）。

（方法二）

设猴子有x只，则桃子有（$6x+6$）个。可列方程：

$7x-7=6x+6$。

解得$x=13$。

桃子：$6\times13+6=84$（个）或$7\times13-7=84$（个）。

答：有13只猴子，84个桃子。

应用习题与解析

1. 基础练习题

（1）两筐水果共重150千克，第二筐比第一筐多8千克。两筐水果各重多少千克？

考点：数量的多与少问题。

分析：第一筐比第二筐多8千克，也就是减去8千克正好等于第二筐的重量，也就是从总数中减去8千克正好是第二筐的2倍，据此列式解答。

解：第二筐：$(150-8)\div2=142\div2=71$（千克）；

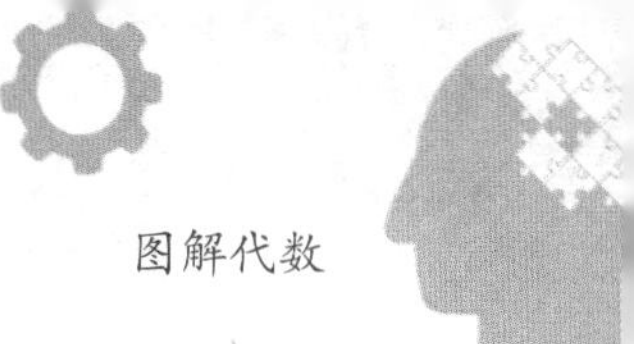

第一筐：$150-71=79$（千克）。

答：第一筐重79千克，第二筐重71千克。

（2）一筐蔬菜，连筐重26千克，吃去一半蔬菜后，连筐重14千克。筐里还有多少蔬菜？筐重多少？

考点：数量的多与少问题。

分析：吃掉一半蔬菜前、后的重量都包括筐的重量，所以可以求出吃掉的一半蔬菜的重量为$26-14=12$（千克），由此可知总的蔬菜的重量为$12\times2=24$（千克），接着即可求出筐的重量。

解：$26-14=12$（千克），

$12\times2=24$（千克），

$26-24=2$（千克）。

答：筐里还有12千克蔬菜，筐重2千克。

（3）有甲、乙两筐苹果，平均每筐重52千克，现从甲筐中取出5千克放入乙筐，则两筐苹果的质量相等。甲筐苹果原来有多少千克？

考点：数量的多与少问题。

分析：由平均量可以求出甲、乙两筐苹果的总质量为（52×2）千克，又由“从甲筐中取出5千克放入乙筐，则两筐苹果质量相等”，可知甲比乙多（2×5）千克。由题意得等量关系式：甲原来的质量+乙原来的质量=平均质量×2，就是甲原来的质量+甲原来的质量$-2\times5=52\times2$，进一步计算就能求出甲的质量。

解：甲、乙两筐苹果的总质量：$52\times2=104$（千克）。

甲比乙多$2\times5=10$（千克），

甲原来的质量+甲原来的质量−10=104，

甲原来的质量×2=104+10。

甲原来的质量=（104+10）÷2=57（千克）。

答：甲原来的质量是57千克。

（4）某玩具厂把630件玩具分别装入5个塑料袋和6个纸袋里，1个塑料袋与3个纸袋装的玩具同样多。每个纸袋装多少件玩具？

考点：数量的多与少问题。

分析：1个塑料袋与3个纸袋装的玩具同样多，5个塑料袋与5×3=15个纸袋装的玩具同样多。某玩具厂把630件玩具分别装入5个塑料袋和6个纸袋里，相当于把630件玩具分别装入15+6=21个纸袋里，求每个纸袋装多少件玩具，用除法解决问题。

解：630÷（5×3+6）=630÷（15+6）=630÷21=30（件）。

答：每个纸袋装30件玩具。

2. 提高练习题

（1）现有6筐梨，每筐梨的个数相等，如果从每筐中拿出40个，6筐梨剩下的数量总和与原来2筐梨的个数相等。请问原来每筐有多少个梨？

考点：数量的多与少问题。

分析：可运用两种方法解答此题目。①列算式。由每个筐中拿走40个梨，可以算出拿走了多少个梨，拿走梨的个数除以拿走梨少的筐数就是原来每个筐中的梨数。②运用列方程的方法解答题目。直接设原来每个筐中有x个梨，利用6筐梨剩下的数量总和与原来2筐梨的个数相等列出方程进行解答。

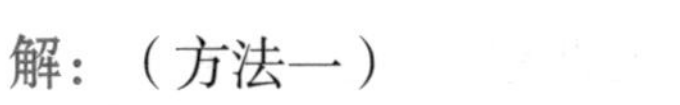

解：（方法一）

$40\times6=240$（个），$6-2=4$（筐），

$240\div4=60$（个）。

（方法二）

设原来每筐有x个梨，由题意，得

$6(x-40)=2x$,

$6x-240=2x$,

$x=60$。

答：原来每筐有60个梨。

（2）甲、乙、丙拿出同样多的钱买一些苹果，分配时甲、乙都比丙多拿24千克，结账时，甲和乙都要付给丙24元。每千克苹果多少元?

考点：数量的多与少问题。

分析：依题意抓住丙少拿的苹果千克数与他少花的钱数的对应关系，是解决本题的关键。三人拿同样多的钱买苹果，应该分得同样多的苹果，而分配时，甲和乙比丙多拿了$24\times2=48$（千克），也就是说丙比平均少拿$48\div3=16$（千克）苹果，所以得到$24\times2=48$（元），就是说16千克苹果48元，由此可得出每千克苹果的钱数。

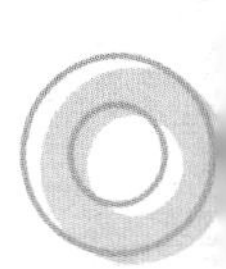

解：$24\times2\div3=16$（千克），$24\times2=48$（元），

$48\div16=3$（元）。

答：每千克苹果3元。

（3）甲、乙两人做机器零件，甲比乙多做400个，且甲做的零件个数是乙的3倍。甲、乙各做了多少个零件?

考点：数量的多与少问题。

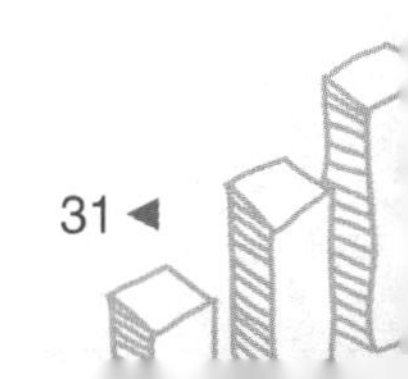

分析：可运用三种方法解答此题目。①列算式。甲比乙多做400个且甲做的零件个数是乙的3倍，则多出的是2倍，所以乙：$400 \div 2 = 200$（个）；甲：$200 \times 3 = 600$（个）。②乙：$400 \div (3-1) = 400 \div 2 = 200$（个）；甲：$200+400=600$（个）。③运用列方程的方法解答题目。设乙做$x$个，甲做（$x+400$）个。列出方程$3x=x+400$，解出$x$，就可以得到题目的答案。

解：（方法一）

乙：$400 \div 2=200$（个）；甲：$200 \times 3=600$（个）。

（方法二）

乙：$400 \div (3-1)=400 \div 2=200$（个）；

甲：$200+400=600$（个）。

（方法三）

设乙做x个，则甲做（$x+400$）个，由题意，得

$3x=x+400$，

$x=200$。

$x+400=200+400=600$。

答：甲做了600个零件，乙做了200个零件。

（4）小明读一本书，第一天读83页，第二天读74页，第三天读71页，第四天读67页，第五天读的页数比这五天中平均读的页数多5页。小明第五天读了多少页？

考点：数量的多与少问题。

分析：弄清楚数量间的关系，得出等量关系式，列方程解答。由题意可知，五天读的页数之和$\div 5+5=$第五天读的页数，于是可以设小明第五天读了x页，据此等量关系式，即可

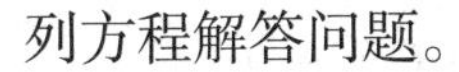

列方程解答问题。

解：设小明第五天读了x页，根据题意，得

$$(83+74+71+67+x)\div 5+5=x,$$

$$(295+x)\div 5+5=x,$$

$$59+0.2x+5=x,$$

$$64=x-0.2x,$$

$$0.8x=64,$$

$$x=80。$$

答：小明第五天读了80页。

（5）一条大鲤鱼被分成前、中、后三段，中段的质量恰好比前、后两段质量的和少1千克，后段质量等于中段质量的一半与前段质量的和。已知前段重2千克，你能算出这条鲤鱼的质量吗？

考点：数量的多与少问题。

分析：本题可列方程进行解答，设中段的质量为x千克，后段质量等于中段质量的一半与前段质量的和，所以后段为$\left(\frac{1}{2}x+2\right)$千克，又因为中段的质量恰好比前、后两段质量的和少1千克，所以可得$2+\frac{1}{2}x+2-x=1$。解出此方程即能得出中段的质量，进而求出整条鱼的质量。

解：设中段的质量为x千克，由题意，得

$$2+\frac{1}{2}x+2-x=1,$$

$$\frac{1}{2}x=3,$$

$$x=6。$$

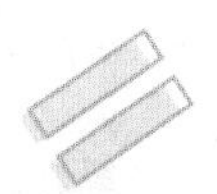

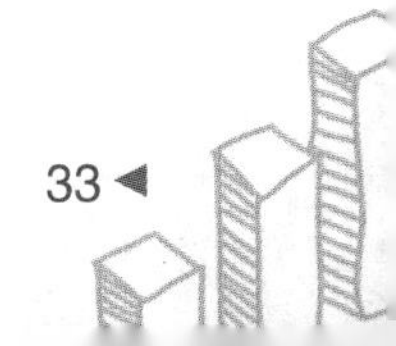

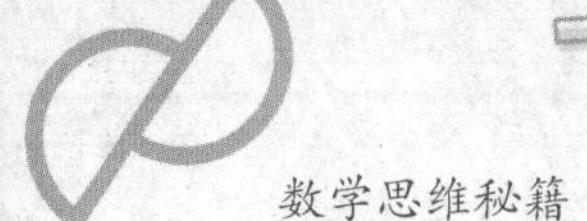

所以后段的质量为$\frac{1}{2}\times6+2=3+2=5$（千克）。

所以总质量为$6+5+2=13$（千克）。

答：这条鲤鱼的质量是13千克。

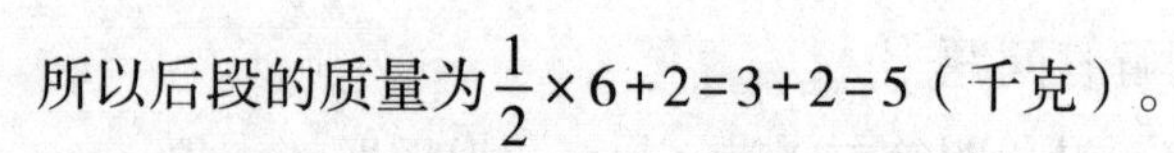

奥数习题与解析

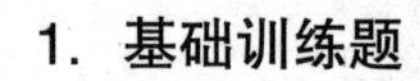

1. 基础训练题

（1）五年级一班的学生去划船。如果增加一条船，正好每条船上坐6人；如果减少一条船，正好每条船上坐9人。一共有多少人？

分析：因为每条船上多坐了（9－6）人，就需要从坐6人的船上走下6×2人，根据除法的意义可求出坐9人的船数，再乘9就是总人数。

解：$(6\times2)\div(9-6)=12\div3=4$（条），

$4\times9=36$（人）。

答：一共有36人。

（2）学校给一批新入学的学生分配宿舍。如果每个房间住6人，那么34人没有位置；如果每个房间住8人，那么空出4个房间。学生宿舍有多少间？住宿学生有多少人？

分析：房间全部住满时，若每个房间住8人，就比每个房间住6人多了（8×4+34）人，多的这些人是因为每个房间多住了（8－6）人，据此可求出宿舍间数，求出宿舍间数，就可求出学生人数。

解：$(8\times4+34)\div(8-6)=33$（间）。

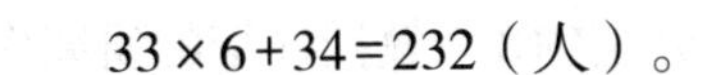

$33\times6+34=232$（人）。

答：学生宿舍有33间，住宿学生有232人。

（3）甲、乙、丙三个数，甲、乙两数的和比丙多59，乙、丙两数的和比甲多49，甲、丙两数的和比乙多85。甲、乙、丙三个数各是多少？

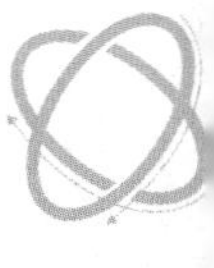

分析：这道题主要是厘清甲、乙、丙三个数的关系。①甲+乙=丙+59；②乙+丙=甲+49；③甲+丙=乙+85。以上三式等号两边分别相加，可得（甲+乙）+（乙+丙）+（甲+丙）=（丙+59）+（甲+49）+（乙+85），（甲+乙+丙）×2=甲+乙+丙+193。所以，甲+乙+丙=193。

解：甲、乙、丙三个数的和是$59+49+85=193$。

甲数：$(193-49)\div2=72$；

乙数：$(193-85)\div2=54$；

丙数：$(193-59)\div2=67$。

答：甲数是72，乙数是54，丙数是67。

（4）一共有16位教授，有的教授带1个研究生；有的教授带2个研究生；有的教授带3个研究生，他们一共带了27个研究生。其中带1个研究生的教授人数与带2个和3个研究生的教授总数一样多。带2个研究生的教授有几人？

分析：先把16位教授平均分成2部分，第一部分带1个研究生，另一部分带2个或3个研究生，每一部分有8人；这样第一部分就带了8个研究生，第二部分一共带$27-8=19$个研究生；再根据研究生和教授的人数进行讨论。

解：$16\div2=8$（人）。

8个教授带1个研究生，8个教授带2个或3个研究生。

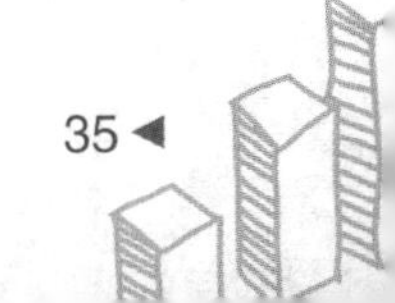

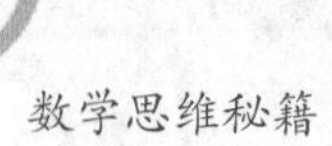

那么带2个或3个研究生的8个教授共带的研究生人数是：$27-8\times1=19$（人）。

假设8个教授每人都带3个研究生，

那么研究生应该有$3\times8=24$（人），

少了：$24-19=5$（人）。

这是因为把带2个研究生的教授算成带3个的了，

相差了：$3-2=1$（人）。

所以带2个研究生的教授有：$5\div1=5$（人）。

答：带2个研究生的教授有5人。

2. 拓展训练题

（1）把一批铅笔分给若干学生，每人分5支还余2支；每人分6支，有一人分得的铅笔少于2支。共有多少学生？

分析：设有x名学生。根据“每人分5支，还余2支”可知，铅笔总数为（$5x+2$）支，再根据“若每人分6支，则有一名学生分得的铅笔少于2支”，可知（$x-1$）人分到6支，有一名学生分到的铅笔小于2且大于等于0，即可列出不等式组。

解：（方法一）

设一共有x名学生，铅笔总数为（$5x+2$）支。如果每人分6支，那么有一名学生分得的铅笔少于2支。

$0\leqslant5x+2-6(x-1)<2$，

$0\leqslant5x+2-6x+6<2$，

$0\leqslant8-x<2$，

$6<x\leqslant8$，

因为学生人数必须是整数，

所以一共有7名或8名学生。

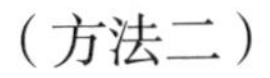

（方法二）

（6−1+2）÷（6−5）=7（名）；

（6−0+2）÷（6−5）=8（名）。

答：一共有7名或8名学生。

（2）一篮苹果分给小朋友。如果减少一人，每人正好分5个；如果增加一人，每人正好分4个。这篮苹果一共有多少个？

分析：本题有两种解法。①转换思维。如果给一个班里每个小朋友发5个苹果，那么这一篮苹果还差5个；如果给一个班每个小朋友发4个苹果，那么这一篮苹果多出4个。所以一共有5+4=9（个）小朋友，一共有4×（9+1）=40（个）苹果。②采用解方程的方式。设一共有x个小朋友，根据苹果总数不变，可列出方程$5(x-1)=4(x+1)$，解得$x=9$，进而求出苹果的总数。

解：（方法一）

如果给一个班里每个小朋友发5个苹果，那么这一篮苹果还差5个；如果给一个班每个小朋友发4个苹果，那么这一篮苹果多出4个。

小朋友人数：（5+4）÷（5−4）=9（人），

苹果数4×（9+1）=40（个）。

（方法二）

设总人数为x，根据题意，得

$5(x-1)=4(x+1)$，

解得　$x=9$。

所以一共有9人。

所以苹果数为5×（9−1）=40（个）。

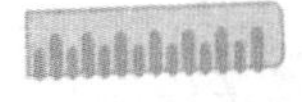
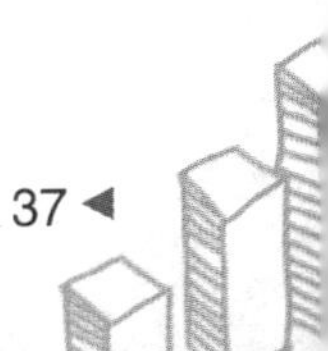

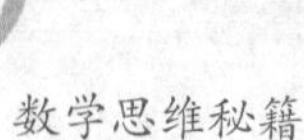

答：一共有40个苹果。

（3）某招待所开会，每个房间住3人，则36人没床位；每个房间住4人，则还有13人没床位。如果每个房间住5人，那么情况又怎么样？

分析：这是这类题目的典型题目，这类题目一般有两种解法。①列算式。可以根据题意算出总共的房间数，即（36－13）÷（4－3）=23（个），进而可知道总的人数，如果每个房间住5人，也可以知道剩余的房间数。②列方程。设总的房间数为x个，根据题意列方程，求出总的房间数，接下来和直接列算式的方法一样。

解：（方法一）

（36－13）÷（4－3）=23（个），

23－（23×3+36）÷5=23－21=2（个）。

（方法二）

设一共有x个房间，由题意，得

$3x+36=4x+13$，

$x=23$。

所以一共有23个房间，

一共有23×3+36=105（人）。

如果每个房间住5人，一共需要的房间数：

105÷5=21（个）。

剩余房间数：23－21=2（个）。

答：如果每个房间住5人，那么还剩2个房间没人住。

课外练习与答案

1. 基础练习题

（1）现有两盒图钉，甲盒有72颗，乙盒有48颗。从甲盒中拿出多少颗图钉放入乙盆，才能使甲、乙两盒中的图钉数量相等？

（2）两筐水果共重128千克，第二筐比第一筐多4千克。两筐水果分别重多少千克？

（3）某次数学考试五道题，全班52人参加，共做对181道。已知每人至少做对1道题，做对1道的有7人，5道全对的有6人，做对2道和3道的人数一样多。做对4道的有多少人？

（4）百货商店运来300双球鞋，分别装在2个木箱和6个纸箱里，如果2个木箱和6个纸箱装的球鞋一样多。每个木箱和每个纸箱各装多少双球鞋？

（5）现有两袋糖，一袋是68粒，另一袋是20粒，每次从多的一袋中拿出6粒放在少的一袋中。拿几次才能使两袋糖一样多？

2. 提高练习题

（1）现有5盒茶叶，如果从每盒中取出200克，那么5盒剩下的茶叶与原来4盒茶叶的重量相等。原来每盒茶叶多少克？

（2）一个旅行团去宾馆住宿，若6人一间，则多2个房间；若4人一间，则会少2个房间。这个旅游团一共有多少人？

（3）把一些铅笔分给三好学生，每人分5支，还多4支；每人分6支，还少4支。有多少个三好学生，多少支铅笔？

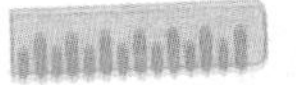

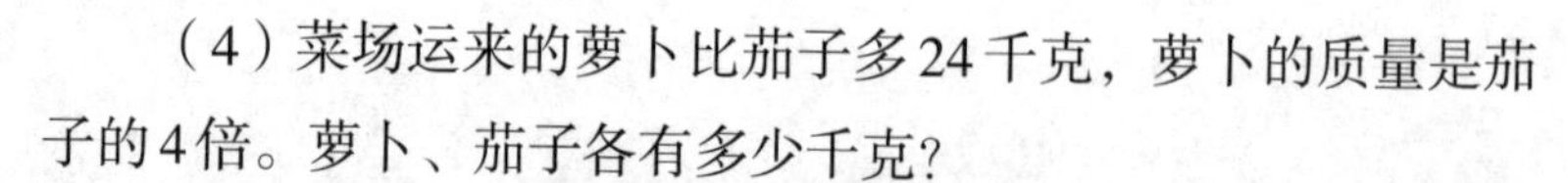

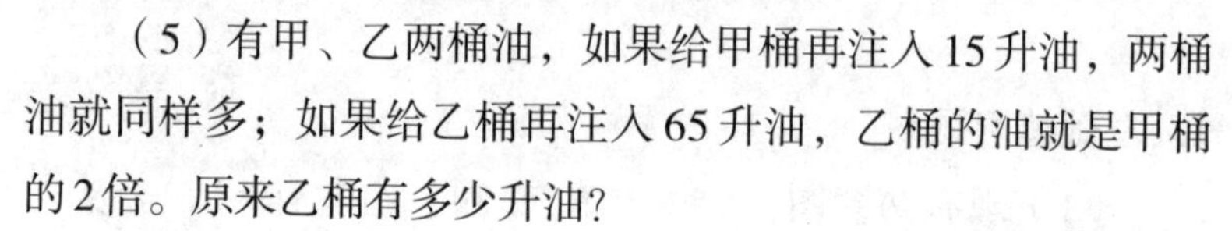

（4）菜场运来的萝卜比茄子多24千克，萝卜的质量是茄子的4倍。萝卜、茄子各有多少千克？

（5）有甲、乙两桶油，如果给甲桶再注入15升油，两桶油就同样多；如果给乙桶再注入65升油，乙桶的油就是甲桶的2倍。原来乙桶有多少升油？

3. 经典练习题

（1）一个植树小组植树，如果每人植树5棵，还剩14棵；如果每人植树7棵，缺4棵。这个植树小组有几人，一共要植树多少棵？

（2）甲、乙两个仓库共存大米42吨，如果从甲仓库调3吨大米到乙仓库，那么两个仓库所存的大米就正好同样多。原来甲、乙仓库各存大米多少吨？

（3）甲、乙、丙三人的平均体重是63千克，甲与乙的平均体重比丙的体重多1.5千克，甲比丙重2千克。乙的体重是多少？

（4）哥哥和弟弟各买若干本练习本，如果哥哥给弟弟3本，两人的练习本数量就同样多；如果弟弟给哥哥1本，哥哥的练习本数就是弟弟的3倍。哥哥和弟弟原来各买了多少本练习本？

（5）有甲、乙、丙三个书架，上面共有图书450本。若从甲书架拿出60本放入乙书架，再从乙书架拿出120本放入丙书架，最后再从丙书架拿出50本放入甲书架，则三个书架图书本数一样多。原来三个书架各有图书多少本？

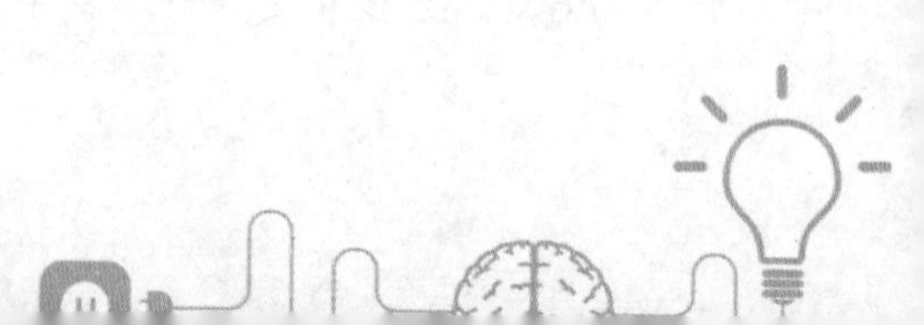

答　案

1. **基础练习题**

（1）需要从甲盒中拿出12颗图钉放入乙盆。

（2）两筐水果分别重62千克和66千克。

（3）做对4道的有31人。

（4）每个木箱装75双球鞋，每个纸箱装25双球鞋。

（5）拿4次才能使两袋糖一样多。

2. **提高练习题**

（1）原来每盒茶叶1000克。

（2）这个旅游团一共有48人。

（3）有8个三好学生，44支铅笔。

（4）萝卜32千克，茄子8千克。

（5）原来乙桶有95升油。

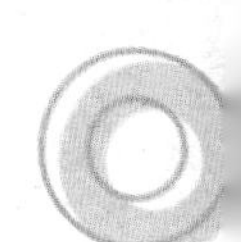

3. **经典练习题**

（1）这个植树小组有9人，一共要植树59棵。

（2）甲仓库存大米24吨，乙仓库存大米18吨。

（3）乙的体重是63千克。

（4）哥哥原来买11本练习本，弟弟原来买5本练习本。

（5）甲书架有图书160本，乙书架有图书210本，丙书架有图书80本。

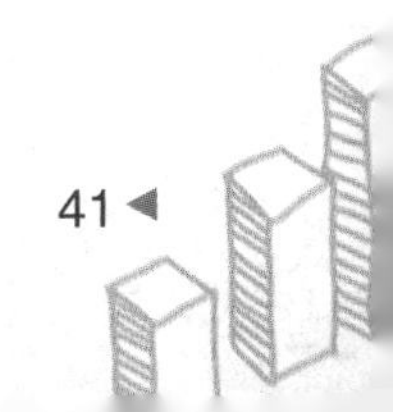

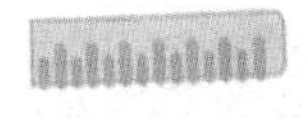

◆ 鸟兽同笼各多少

我一听到马先生说“这次来讲鸟兽同笼的问题”，我便知道是鸡兔同笼这一类问题了。

例1：鸡兔同笼，一共有19个头，52只脚，求鸡、兔各有几只。

不用说，这道题目包含一个事实条件，鸡有2只脚，兔有4只脚。

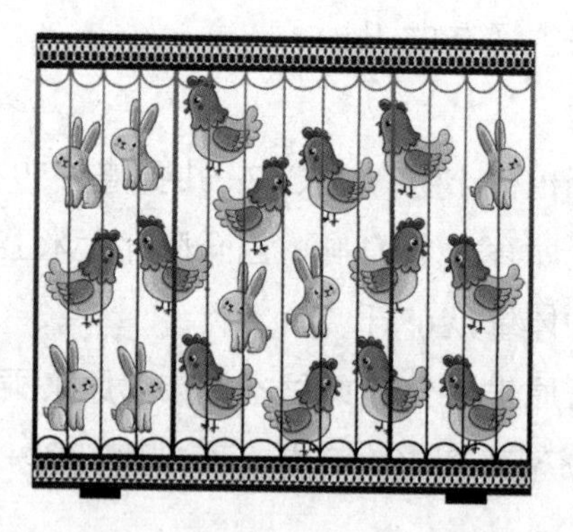

“依头数说，这是‘和一定’的关系。”马先生一边说，一边画线段AB（如图3-1）。

“但是如果就脚来说，2只鸡的才等于1只兔的，这又是‘定倍数’的关系。假设全是鸡，就应当有26只；假设全是

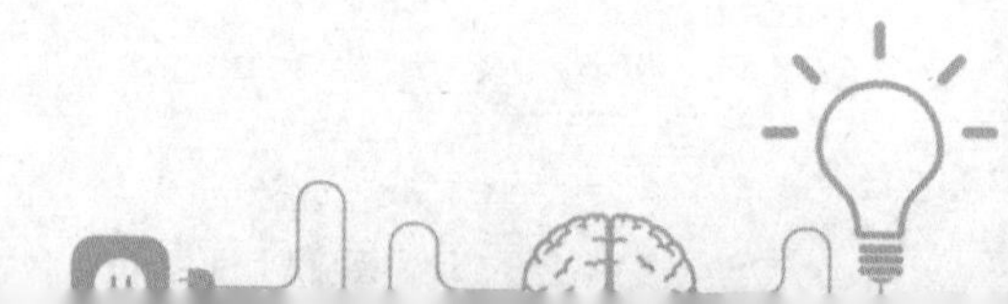

兔，就应当有13只。由此得线段CD，两线交于点E。竖看得7只兔，横看得12只鸡，这就对了。”

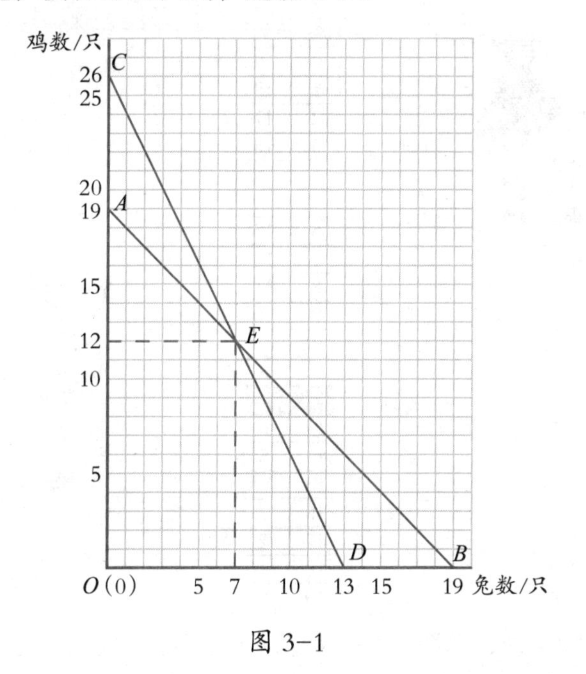

图 3-1

7只兔，28只脚；12只鸡，24只脚。一共正好52只脚。

马先生说：“这个想法和通常的算法正好相反，平常都是假设头数全是兔或鸡，是这样算的：

$(4\times19-52)\div(4-2)=12$是鸡的数量；

$(52-2\times19)\div(4-2)=7$是兔的数量。

“这里却假设脚数全是鸡或兔而得CD，但试从下页表一看，便没有什么想不通了。图3-1中E点所表示的一对数，正是两表中所共有的。”

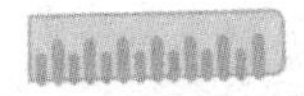
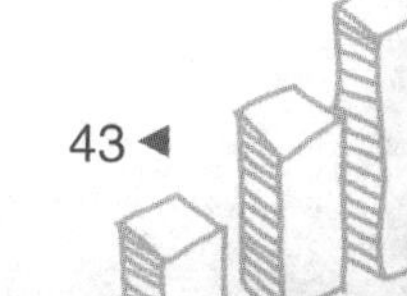

“就拿头来说，总数是19，线段AB上的各整数点所表示如下：

鸡	兔
0	19
1	18
2	17
3	16
4	15
5	14
6	13
7	12
8	11
9	10
10	9
11	8
12	7
13	6
14	5
15	4
16	3
17	2
18	1
19	0

拿脚来说，总数是52，线段CD上各点所表示的：

鸡	兔
0	13
2	12
4	11
6	10
8	9
10	8
12	7
14	6
16	5
18	4
20	3
22	2
24	1
26	0

按照一般的算法，自然不能由图3-1上推想出来，但有一种老算法，却从图3-1上看得清清楚楚，即将脚数折半（OC所表示的）减去头数（OA所表示的）便得兔的数量（AC所表示的）。”

这类题，马先生说还可以归到混合比例去算，以后拿这两种算法来比较更有趣，所以不多讲。

例2：鸡兔共21只，脚的总数相等，求各有几只。

如图3-2，依照前例用线段AB表示“和一定”总头数21的关系。因为鸡和兔脚的总数相等，所以鸡的只数是兔的只数的2倍。依“定倍数”的表示法作OC线。由OC和AB的交点D可知兔是7只，鸡是14只。

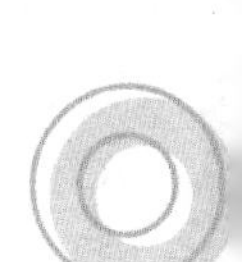

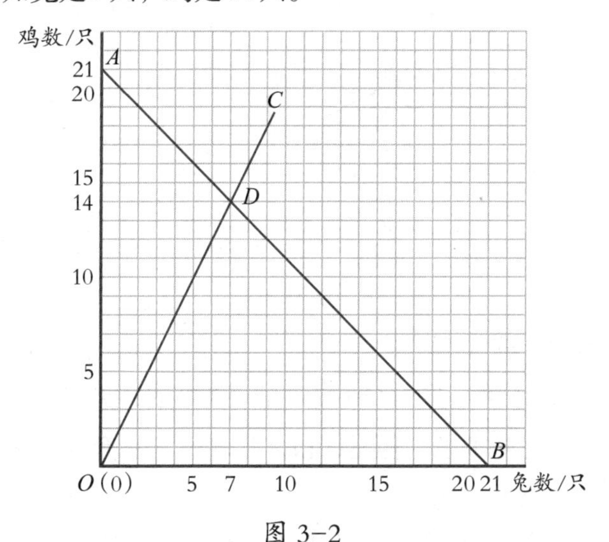

图 3-2

例3：小三子替别人买邮票，要买4分和2分的各若干枚，但是他将数量说反了，他付2.8元退回了0.2元。原来要买的数量是多少呢？

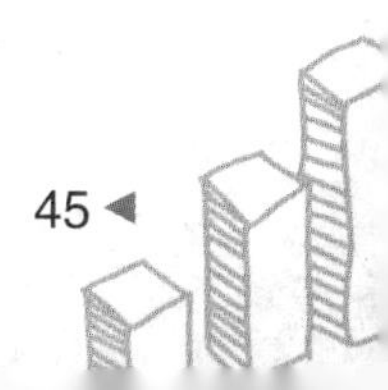

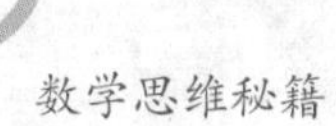

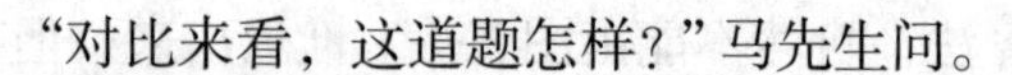

“对比来看，这道题怎样？”马先生问。

“只有脚，没有头。”王有道很滑稽地说。

“不错！”马先生笑着说，“只能根据脚数表示两种枚数的倍数关系。第一次的线怎么画？”

“全买4分的，共70枚；全买2分的，共140枚，得直线*AB*（如图3–3）。”王有道回答。

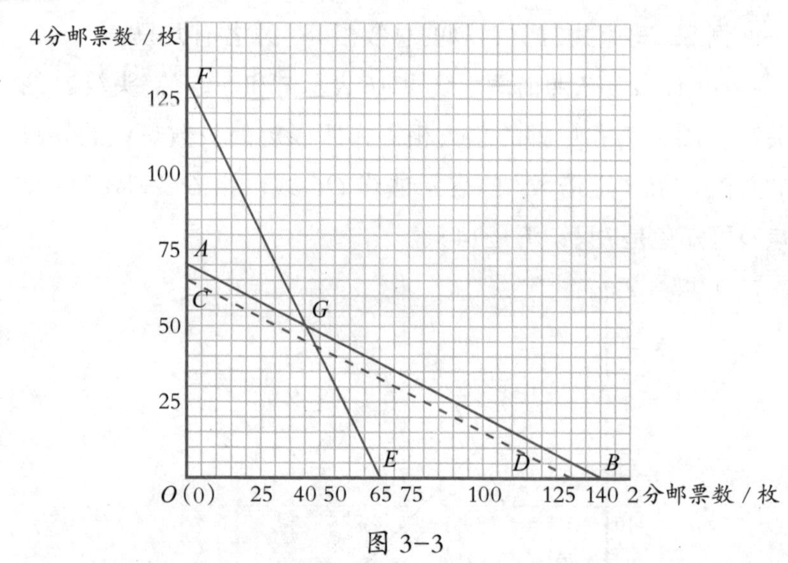

图 3–3

“第二次的呢？”

“全买4分的，共计65枚；全买2分的，共计130枚，得直线*CD*。”周学敏说。但是线段*AB*、*CD*没有交点，大家都呆着脸望着马先生。

马先生说：“照几何上的讲法，两条平行线是永远没有交点的。小三子把别人的数弄反了，你们却把小三子的数弄倒了头了。”他将线段*CD*画成*EF*，得交点*G*。横看，4分的50枚，竖看2分的40枚，总共恰好2.8元。

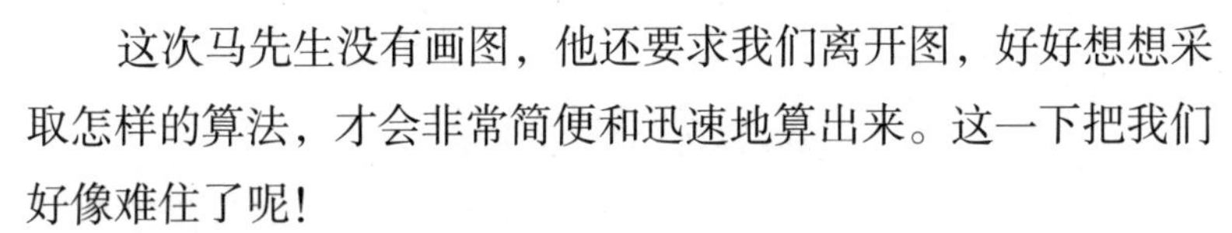

这次马先生没有画图，他还要求我们离开图，好好想想采取怎样的算法，才会非常简便和迅速地算出来。这一下把我们好像难住了呢！

他还给我们这样提示说："假如别人另外给了2.6元，要小三子重新去买邮票，这次他总算没有弄反。那么，这人各买邮票多少枚呢？"

这就不用说了，前一次的差是1和2，这一次的便是2和1；前次的差是3和5，这次的便是5和3。这人的两种邮票的枚数便一样了。

但是，总共用了（2.8+2.6）元=5.4元=540分钱，这是周学敏首先就想到的。

每种一枚共值（4+2）分=6分，我提出了这个意见。所以，算法就十分明白了。

邮票的总数量为540÷6=90（枚）。

2分邮票的数量是（4×90−280）÷（4−2）=40（枚）。

4分邮票的数量是90−40=50（枚）。

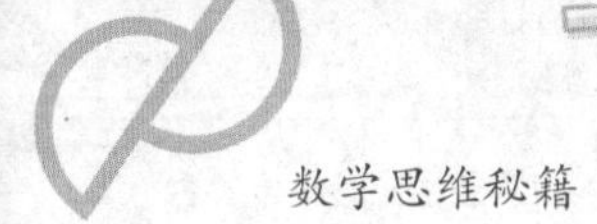

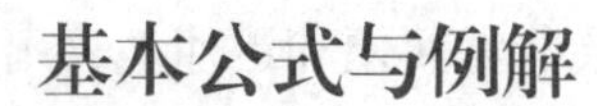

基本公式与例解

1. 已知总头数和总脚数，求鸡、兔各多少。

（总脚数－每只鸡的脚数×总头数）÷（每只兔的脚数－每只鸡的脚数）＝兔数；总头数－兔数＝鸡数

或（每只兔的脚数×总头数－总脚数）÷（每只兔的脚数－每只鸡的脚数）＝鸡数；总头数－鸡数＝兔数。

例：有鸡、兔共36只，它们共有脚100只，鸡、兔各有多少只？

解：（方法一）

$(100-2\times36)\div(4-2)=14$（只）……兔；

$36-14=22$（只）……鸡。

（方法二）

$(4\times36-100)\div(4-2)=22$（只）……鸡；

$36-22=14$（只）……兔。

答：鸡、兔各有22只和14只。

2. 已知总头数和鸡、兔脚数的差数，当鸡的总脚数比兔的总脚数多时，可用下列公式求解。

（每只鸡脚数×总头数－脚数之差）÷（每只鸡的脚数＋每只兔的脚数）＝兔数；总头数－兔数＝鸡数

或（每只兔脚数×总头数＋鸡兔脚数之差）÷（每只鸡的脚数＋每只兔的脚数）＝鸡数；总头数－鸡数＝兔数。

例：有鸡、兔共50只，鸡的总脚数比兔的总脚数多10只，求鸡、兔各多少。

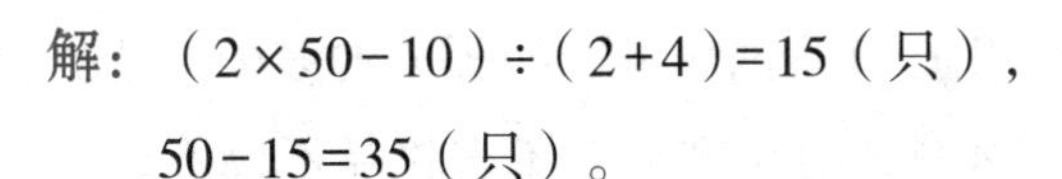

解：（2×50－10）÷（2+4）=15（只），

50－15=35（只）。

答：有鸡35只，兔15只。

3．已知总数与鸡兔脚数的差数，当兔的总脚数比鸡的总脚数多时，可用下列公式求解。

（每只鸡的脚数×总头数+鸡兔脚数之差）÷（每只鸡的脚数+每只兔的脚数）=兔数；总头数－兔数=鸡数

或（每只兔的脚数×总头数－鸡兔脚数之差）÷（每只鸡的脚数+每只兔的脚数）=鸡数；总头数－鸡数=兔数。

例：鸡、兔共21只，兔脚比鸡脚多12只。请问鸡、兔各多少只呢？

解：（方法一）

（21×2+12）÷（4+2）=54÷6=9（只）……兔；

21－9=12（只）……鸡。

（方法二）

（21×4－12）÷（4+2）=72÷6=12（只）……鸡；

21－12=9（只）……兔。

答：鸡有12只，兔子有9只。

4．得失问题（鸡兔问题的推广）的解法，可以用下列公式求解。

（1只合格品得分数×产品总数－实得总分数）÷（每只合格品得分数+每只不合格品扣分数）=不合格品数

或总产品数－（每只不合格品扣分数×总产品数+实得总分数）÷（每只合格品得分数+每只不合格品扣分数）=不合格品数。

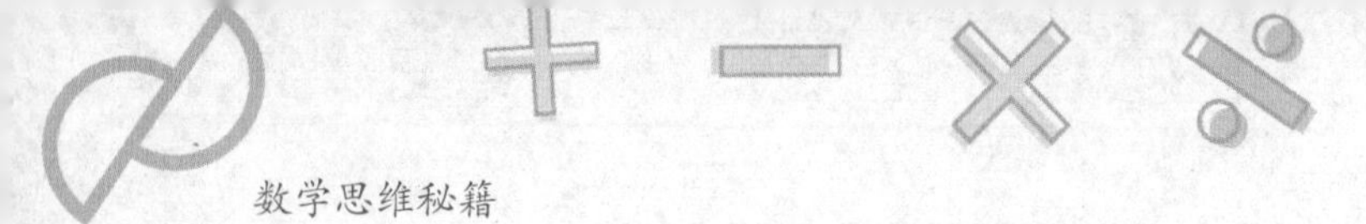

例：“灯管厂生产灯管的工人，按得分的多少给工资。每生产一个合格品记4分，每生产一个不合格品不仅不记分，还要扣除15分。某工人生产了1000个灯管，共得3525分，问其中有多少个灯管不合格？”

解：（方法一）

$(4\times1000-3525)\div(4+15)=475\div19=25$（个）。

（方法二）

$1000-(15\times1000+3525)\div(4+15)$

$=1000-18525\div19$

$=1000-975$

$=25$（个）。

答：其中有25个灯管不合格。

（“得失问题”也称“运玻璃器皿问题”，运到完好无损者每只给运费××元，破损者不仅不给运费，还需要赔成本××元……它的解法显然可套用上述公式。）

5．鸡兔互换问题（已知总脚数及鸡兔互换后总脚数，求鸡兔各多少的问题），当原总脚数小于互换后的总脚数时，可用下列公式求解。

[（两次总脚数之和）÷（每只鸡兔脚数和）+（两次总脚数之差）÷（每只鸡兔脚数之差）]÷2=鸡数；

[（两次总脚数之和）÷（每只鸡兔脚数之和）-（两次总脚数之差）÷（每只鸡兔脚数之差）]÷2=兔数。

例：有一些鸡和兔，共有脚44只，若将鸡数与兔数互换，则共有脚52只。鸡、兔各有多少只？

解：$[(52+44)\div(4+2)+(52-44)\div(4-2)]\div2$

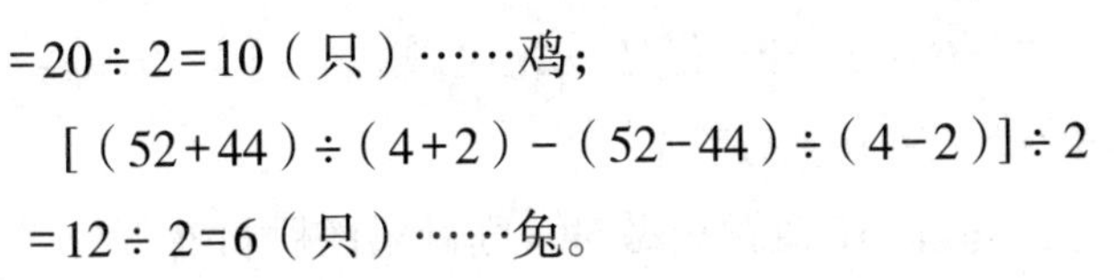

$=20\div 2=10$（只）……鸡；

$[(52+44)\div(4+2)-(52-44)\div(4-2)]\div 2$

$=12\div 2=6$（只）……兔。

答：鸡、兔各有10只和6只。

应用习题与解析

1. 基础训练题

（1）鸡、兔共64只，脚共有184只，则鸡有（　　）只，兔有（　　）只。

A．30；34　　B．20；44　　C．25；39　　D．36；28

考点：鸡兔同笼。

分析：假设全是鸡，则应该有脚$64\times 2=128$只，这比已知的184只脚少了$184-128=56$只，因为1只兔比1只鸡多$4-2=2$只脚，所以兔子有$56\div 2=28$只，则鸡有$64-28=36$只。

解：假设全是鸡，则兔有

$(184-64\times 2)\div(4-2)=56\div 2=28$（只）。

鸡有$64-28=36$（只）。

故选D。

（2）数学竞赛共10道题，做对一道题得10分，做错一道题扣6分，不做不得分也不扣分。小明10道题全做，得了68分，他做错了（　　）道题。

A．3　　B．2　　C．5　　D．8

考点：鸡兔同笼。

分析：假设10道题全做对，则得$10\times 10=100$分，这样就

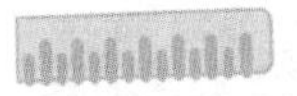

多得100－68＝32分；做错一题比做对一题少10＋6＝16分，也就是做错32÷16＝2道题。

解：假设10道题全做对，则做错的题目有

（10×10－68）÷（10＋6）＝32÷16=2（道）。

故选B。

（3）鸡与兔共有100只，鸡脚比兔脚多80只，则鸡有（　　）只。

A．80　　B．75　　C．70　　D．65

考点：鸡兔同笼。

分析：设鸡有x只，则兔子就有（$100-x$）只。根据鸡脚比兔脚多80只列出方程即可解决问题。

解：设鸡有x只，则兔子就有（$100-x$）只，根据题意，得

$2x-4(100-x)=80$，

$2x-400+4x=80$，

$6x=480$，

$x=80$。

所以鸡有80只。

故选A。

（4）六（1）班全班50人组织去划船，大船每船坐6人，小船每船坐4人，他们共租了11只船，则大船租了（　　）只，小船租了（　　）只。

A．4　　B．3　　C．8　　D．7

考点：鸡兔同笼。

分析：假设全是租的大船，则总人数是11×6＝66人，这比已知的50人多出了66－50＝16人。因为1只大船比1只小

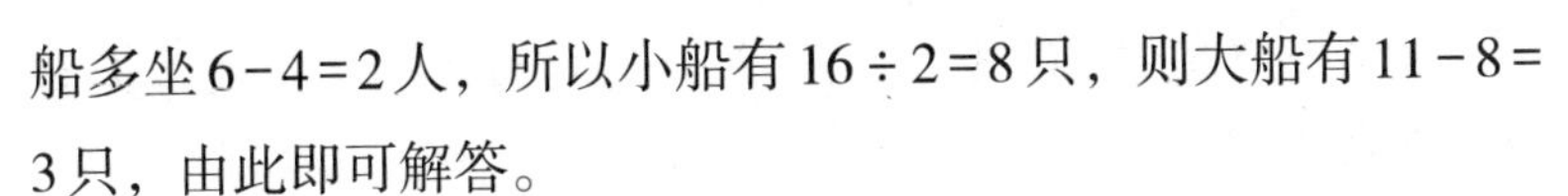

船多坐 $6-4=2$ 人，所以小船有 $16\div2=8$ 只，则大船有 $11-8=3$ 只，由此即可解答。

解：假设全是租的大船，则小船有

$(11\times6-50)\div(6-4)=16\div2=8$（只）；

大船有 $11-8=3$（只）。

所以大船租了3只，小船租了8只。

故选B，C。

（5）某玻璃厂委托运输公司运2000块玻璃，每块运输费是0.4元，若损坏一块，则要赔偿7元，结果运输公司得运费711.2元，运输公司损坏玻璃（　　）块。

A. 8　　B. 10　　C. 12　　D. 14

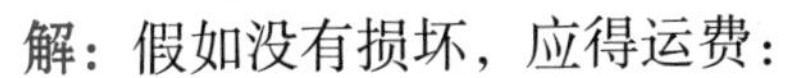

考点：鸡兔同笼。

分析：根据题意，每块运输费是0.4元，若损坏一块，则要赔偿7元，意思是损坏一块不但得不到0.4元的运费，还要赔偿7元，也就是损坏一块要从运费中扣除（$7+0.4$）元，由此解答。

解：假如没有损坏，应得运费：

$2000\times0.4=800$（元）。

损坏一块跟完好相比相差：

$7+0.4=7.4$（元），

所以损坏了：

$(800-711.2)\div7.4$

$=88.8\div7.4$

$=12$（块）。

故选C。

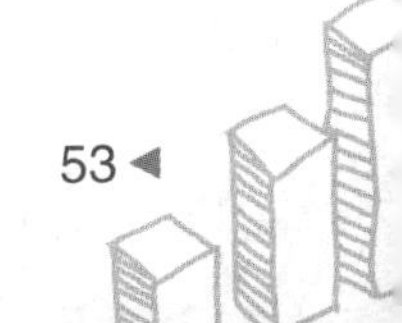

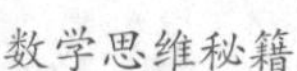

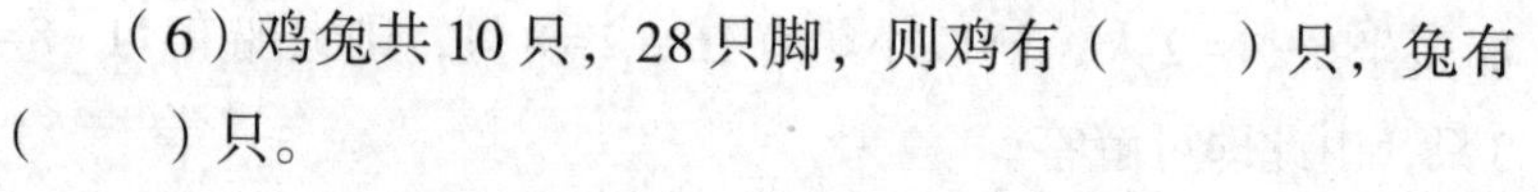

（6）鸡兔共10只，28只脚，则鸡有（　　）只，兔有（　　）只。

A. 3　　B. 4　　C. 5　　D. 6

考点：鸡兔同笼。

分析：假设全部为兔，共有脚$4\times10=40$只，比实际的28只多$40-28=12$只，因为我们把鸡当成了兔，每只多算了$4-2=2$只脚，所以可以算出鸡的只数，列式为$12\div2=6$（只），那么兔有$10-6=4$（只）。

解：假设全是兔，那么鸡有

$(4\times10-28)\div(4-2)=12\div2=6$（只）；

兔有$10-6=4$（只）。

故选D，B。

（7）数学竞赛共10道题，做对一道得8分，做错一道（或不做）扣5分。小明得了41分，则他共做错（或不做）了（　　）道题。

A. 2　　B. 3　　C. 4　　D. 5

考点：鸡兔同笼。

分析：假设10道题全做对，则得$10\times8=80$分，这样就少得$80-41=39$分；做错一道（或不做）比做对一道少$8+5=13$分，也就是做错（或不做）$39\div13=3$道题。

解：答错或不做的题数为

$(10\times8-41)\div(8+5)$

$=39\div13$

$=3$（道）。

故选B。

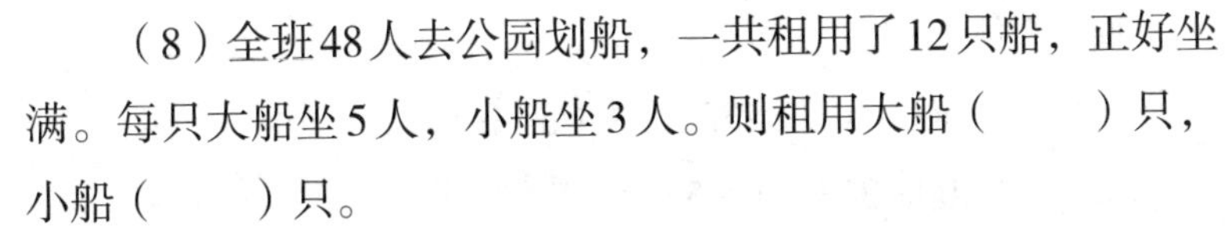

（8）全班48人去公园划船，一共租用了12只船，正好坐满。每只大船坐5人，小船坐3人。则租用大船（　　）只，小船（　　）只。

A．7；5　　B．6；6　　C．5；7　　D．4；8

考点：鸡兔同笼。

分析：由于一共租用了12只船。每只大船坐5人，每只小船坐3人，共有48人，所以可设租了大船x只，则租了小船（$12-x$）只，由此可得方程：$5x+3\times(12-x)=48$，解此方程即得租大船只数，进而求得租小船只数。

解：设大船x只，则小船（$12-x$）只，由题意列方程，得

$$5x+3\times(12-x)=42,$$

$$5x+36-3x=48,$$

$$2x=12,$$

$$x=6。$$

所以小船有$12-6=6$（只）。

故选B。

（9）一位工人搬运1000个玻璃杯，每个杯子的运费是3角，破损一个要赔5元，最后这位工人得到运费273.5元。则搬运中他打碎杯子（　　）个。

A．3　　B．5　　C．6　　D．8

考点：鸡兔同笼。

分析：假设一个也没坏，可共得运费：$1000\times0.3=300$（元），比实际多算了$300-273.5=26.5$（元）。因为每个多算了$5+0.3=5.3$（元），所以可以求出破损的个数为$26.5\div5.3=5$（个），据此解答。

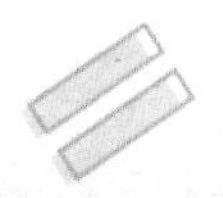

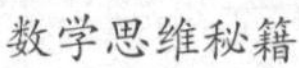

解：3角=0.3元，

$(1000\times0.3-273.5)\div(5+0.3)$

$=(300-273.5)\div5.3$

$=26.5\div5.3$

=5（个）。

所以搬运中他打碎杯子5个。

故选B。

（10）中国足球超级联赛每胜一场得3分，平一场得1分，负一场得0分。某支球队共得了30分，赛了14场，其中平了3场，那么负了（　　）场。

A．4　　B．3　　C．2　　D．1

考点：鸡兔同笼；逻辑推理。

分析：由题意可知，胜一场得3分，平一场得1分，负一场得0分，由于其中平了3场，则得$1\times3=3$分，此时还剩下$30-3=27$分，即这27分全是取胜得来的。设负了x场，则可得方程$(14-3-x)\times3=27$，解此方程即可。

解：设负了x场，列方程，得

$(14-3-x)\times3=30-1\times3$，

$(11-x)\times3=27$，

$11-x=9$，

$x=2$。

所以负了2场。

故选C。

（11）四年级数学竞赛试卷共有15道题，做对一道得10分，做错一道扣4分，不答得0分。陈莉得了88分，则她有

(　　)道题未答。

A. 2　　　　B. 3　　　　C. 4　　　　D. 5

考点：鸡兔同笼。

分析：可以假设全部做对应得多少分，算出现在少得多少分，做错一道，不但得不到10分，还要扣4分，说明做错一题少得14分，不答得0分，说明不答一道少得10分，进一步得出答案。

解：假设全都做对，可得 $15\times10=150$（分）。现在得了88分，少得了 $150-88=62$（分）。做错一道，不但得不到10分还扣4分，说明做错一道，少得 $10+4=14$（分）。不答得0分，说明不答一道少得 $0+10=10$（分）。

因为 $62\div14=4$（题）……6（分），6不是10的倍数，不合题意；

$62\div14=3$（题）……20（分），20是10的倍数，符合题意。

所以未答的题有 $20\div10=2$（道）。

故选A。

2. 提高练习题

松鼠妈妈采松子，晴天每天可采20个，雨天每天可采12个。它一连几天共采了112个松子，平均每天采14个，问这几天当中有几天是雨天?

考点：鸡兔同笼。

分析：根据题意，可以求出它一共采的天数是 $112\div14=8$（天）。根据鸡兔同笼问题中的公式，就可以求出雨天有几天。

解：根据题意可得，它一共采松子的天数是

$112\div14=8$（天）。

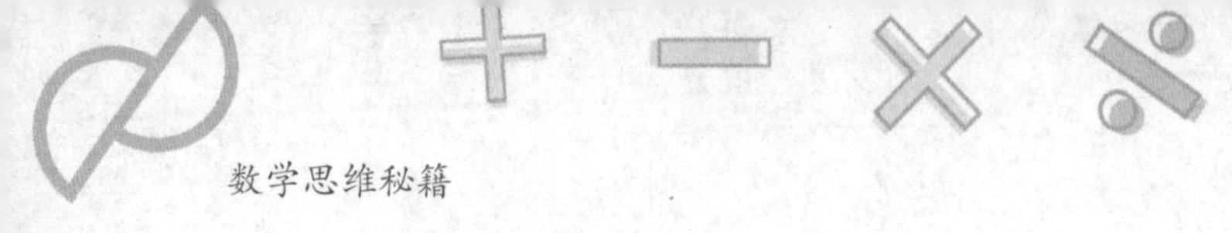

雨天的天数为

$(20\times8-112)\div(20-12)=48\div8=6$（天）。

答：这几天当中有6天是雨天。

奥数例题与拓展

例1：小梅数她家的鸡与兔，数头有16个，数脚有44只。小梅家的鸡与兔各有多少只？

分析：假设16只都是鸡，那么就应该有 $2\times16=32$ 只脚，但实际上有44只脚，比假设的情况多了 $44-32=12$ 只脚，出现这种情况的原因是把兔当作鸡了。如果我们以同样数量的兔去换同样数量的鸡，那么每换一只，头的数目不变，脚数增加了2只。因此只要算出12只里面有几个2，即可求出兔的只数。

解：有兔 $(44-2\times16)\div(4-2)=6$（只）；

有鸡 $16-6=10$（只）。

答：有6只兔，10只鸡。

当然，我们也可以假设16只都是兔子，那么就应该有 $4\times16=64$ 只脚，但实际上有44只脚，比假设的情况少了 $64-44=20$ 只脚，这是因为把鸡当作兔了。我们以鸡去换兔，每换一只，头的数目不变，脚数减少了 $4-2=2$ 只。因此只要算出20里面有几个2，就可以求出鸡的只数。

有鸡 $(4\times16-44)\div(4-2)=10$（只）；

有兔 $16-10=6$（只）。

由例1看出，解答鸡兔同笼问题通常采用假设法，可以先假设都是鸡，然后以兔换鸡；也可以先假设都是兔，然后以鸡

换兔。因此，这类问题也叫置换问题。

【思维拓展训练1】

（1）100个和尚140个馒头，大和尚1人分3个馒头，小和尚1人分1个馒头。大、小和尚各有多少人？

分析：本题由中国古代算术名题“百僧分馒头”演变而得。如果将大和尚、小和尚分别看作鸡和兔，馒头看作腿，那么就成了鸡兔同笼问题，可以用假设法来解。

解：假设100人全是大和尚，那么共需馒头300个，比实际多300－140＝160个。现在以小和尚去换大和尚，每换一个总人数不变，而馒头就要减少 3－1＝2个，因为160÷2＝80，所以小和尚有80人，大和尚有100－80＝20人。

答：大、小和尚各有20人和80人。

同样，也可以假设100人都是小和尚，不妨自己试一试。

在下面的题中，我们只给出一种假设方法。

（2）彩色文化用品每套19元，普通文化用品每套11元，这两种文化用品共买了16套，用钱280元。两种文化用品各买了多少套？

分析：我们设想有一只“怪鸡”有1个头11只脚，一种“怪兔”有1个头19只脚，它们共有16个头，280只脚。这样，就将买文化用品问题转换成鸡兔同笼问题了。

解：假设买了16套彩色文化用品，则共需19×16＝304（元），比实际多304－280＝24（元），现在用普通文化用品去换彩色文化用品，每换一套少用19－11＝8（元），所以

买普通文化用品24÷8＝3（套）；

买彩色文化用品16－3＝13（套）。

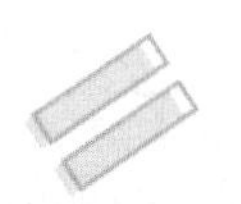

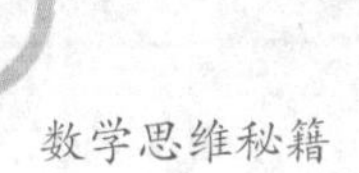

答：买普通文化用品3套，彩色文化用品13套。

例2：鸡、兔共100只，鸡脚比兔脚多20只。鸡、兔各有多少只？

分析：假设100只都是鸡，没有兔，那么就有鸡脚200只，而兔的脚数为零。这样鸡脚比兔脚多200只，而实际上只多20只，这说明假设的鸡脚比兔脚多的数比实际上多200－20＝180（只）。

现在以兔换鸡，每换一只，鸡脚减少2只，兔脚增加4只，即鸡脚比兔脚多的脚数中就会减少4＋2＝6（只），而180÷6＝30，因此有兔30只，鸡100－30＝70（只）。

解：有兔（2×100－20）÷（2+4）=30（只）；

有鸡100－30=70（只）。

答：有鸡70只，兔30只。

【思维拓展训练2】

现有大、小油瓶共50个，每个大瓶可装油4千克，每个小瓶可装油2千克，大瓶比小瓶共多装20千克。大、小瓶各有多少个？

分析：本题与例2类似，仿照例2的解法即可。

解：小瓶有（4×50－20）÷（4+2）=30（个）；

大瓶有50－30=20（个）。

答：有大瓶20个，小瓶30个。

例3：乐乐百货商店委托搬运站运送500只花瓶，双方商定每只运费0.24元，但如果发生损坏，那么每打破一只不仅不给运费，而且还要赔偿1.26元，结果搬运站共得运费115.5元。问在搬运过程中共打破了几只花瓶？

分析：假设500只花瓶在搬运过程中一只也没有打破，那

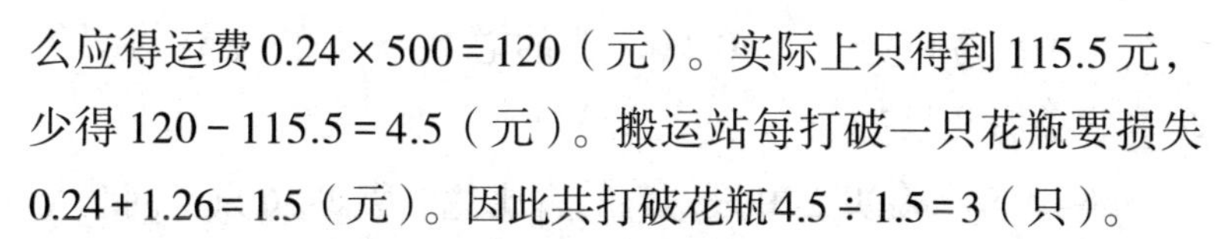

么应得运费0.24×500=120（元）。实际上只得到115.5元，少得120−115.5=4.5（元）。搬运站每打破一只花瓶要损失0.24+1.26=1.5（元）。因此共打破花瓶4.5÷1.5=3（只）。

解：（0.24×500−115.5）÷（0.24+1.26）=3（只）。

答：在搬运过程中共打破3只花瓶。

【思维拓展训练3】

小乐与小喜一起跳绳，小喜先跳了2分钟，然后两人各跳了3分钟，一共跳了780下。已知小喜比小乐每分钟多跳12下，那么小喜比小乐共多跳了多少下？

分析：利用假设法，假设小喜的跳绳速度减少到与小乐一样，那么两人跳的总数减少了12×（2+3）=60（下）。

可求出小乐每分钟跳（780−60）÷（2+3+3）=90（下），

小乐一共跳了90×3=270（下），因此小喜比小乐共多跳780−270×2=240（下）。

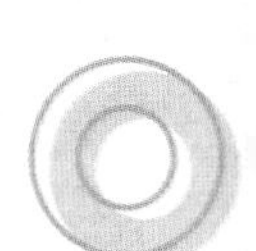

解：[780−12×（2+3）]÷（2+3+3）=90（下），

780−90×3×2=240（下）。

答：小喜比小乐共多跳了240下。

课外练习与答案

1. 基础练习题

（1）鸡兔同笼，头共20个，脚共62只，求鸡与兔各有多少只。

（2）鹤龟同池，鹤比龟多12只，鹤龟足共72只，求鹤龟各有多少只。

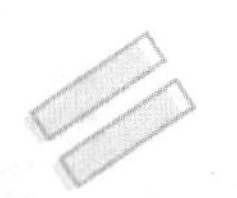

（3）鸡和兔共100只，腿的总数比头的总数的2倍多18，兔有几只？

（4）鸡与兔共200只，鸡的脚比兔的脚少56只，问鸡与兔各多少只？

（5）全班46人去划船，共乘12条船，其中每条大船坐5人，每条小船坐3人，求大船和小船各有多少条。

（6）自行车越野赛全程220千米，全程被分为20个路段，其中一部分路段长14千米，其余的长9千米。问长9千米的路段有多少个？

（7）在一个停车场上，停了汽车和三轮摩托车一共32辆。其中汽车有4个轮子，三轮摩托车有3个轮子，这些车一共有108个轮子。求汽车和摩托车各有多少辆。

（8）某次数学测验共20道题，做对一道题得5分，做错一道题扣1分，不做得0分。小华得了76分，他做对几道题？

2. 提高练习题

（1）鸡、兔共有头100个，脚350只，鸡、兔各有多少只？

（2）学校有象棋、跳棋共26副，2人下一副象棋，6人下一副跳棋，恰好可供120个学生进行活动。问象棋与跳棋各有多少副？

（3）班级购买活页簿与日记本合计32本，共74元。活页簿每本1.9元，日记本每本3.1元。问买活页簿、日记本各几本？

（4）龟、鹤共有100个头，鹤腿比龟腿多20条。问龟、鹤各几只？

（5）小蕾花40元钱买了14张贺年卡与明信片。贺年卡每张3元5角，明信片每张2元5角。问贺年卡、明信片各买

了几张？

（6）一个工人植树，晴天每天植树20棵，雨天每天植树12棵，他接连几天共植树112棵，平均每天植树14棵。问这几天中共有几个雨天？

（7）振兴小学六年级举行数学竞赛，共有20道试题。做对一题得5分，没做或做错一题都要扣3分。小建得了60分，那么他做对了几道题？

（8）在知识竞赛中，有10道判断题，评分规定：每答对一题得2分，答错一题要扣1分。小明同学虽然答了全部的题目，但最后只得了14分，他答错了几道题？

3. 经典练习题

（1）鸡、兔共有脚100只，若将鸡换成兔，兔换成鸡，则共有脚92只。问鸡、兔各几只？

（2）某电视机厂每天生产电视500台，在质量评比中，每生产一台合格电视机记5分，每生产一台不合格电视机扣18分。如果四天得了9931分，那么这四天生产了多少台合格电视机？

（3）有一辆货车运输2000个玻璃瓶，运费按到达时完好瓶子数目计算，每个2角，如有破损，破损1个瓶子赔偿1元，结果得到运费379.6元。问这次运输中玻璃瓶损坏了几个？

（4）有一批水果，用大筐80个可装运完，用小筐120个也可装运完。已知每个大筐比每个小筐多装运20千克，这批水果有多少千克？

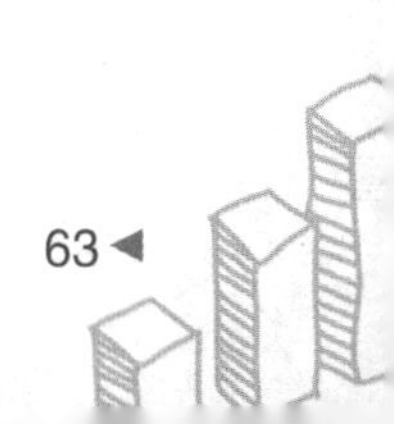

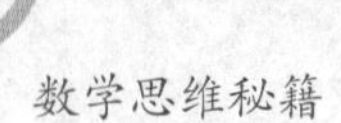

答　案

1. 基础练习题

（1）鸡有9只，兔有11只。

（2）龟有8只，鹤有20只。

（3）兔有9只。

（4）鸡有124只，兔有76只。

（5）大船有5条，小船有7条。

（6）长9千米的路段有12个。

（7）汽车有12辆，摩托车有20辆。

（8）做对16题。

2. 提高练习题

（1）鸡有25只，兔有75只。

（2）象棋有9副，跳棋有17副。

（3）活页簿有21本，日记本有11本。

（4）龟有30只，鹤有70只。

（5）贺年卡买了5张，明信片买了9张。

（6）这几天中共有6个雨天。

（7）小建做对了15道题。

（8）小明同学答错了2道题。

3. 经典练习题

（1）鸡有14只，兔有18只。

（2）这四天生产了1997台合格电视机。

（3）这次运输中玻璃瓶损坏了17个。

（4）这批水果有4800千克。

◆ 分工合作工作量

关于计算工作的题目，我总觉得它很神秘。今天马先生一写出这个标题，我就特别兴奋。

马先生说：“我们先讲原理吧！工作，只是劳力、时间和效果三项的关联。费了多少力气，经过多少时间，得到什么效果，所谓工作的问题，不过如此。”

“想明白了，它和运动的问题毫无两样，速度就是所费力气的表现，时间的意思是一样的，而所走的距离，正是所得到的效果。”

真奇怪！一经说明，我也觉得运动和工作是同一件事情了，然而平时为什么想不到呢？

马先生继续说道，“在等速运动中，基本的关系是：距离 = 速度 × 时间。而在均一的工作中，基本的关系便是：工作总量 = 工作效率 × 工作时间。所谓均一的工作，就是经过相同的时间，所做的工相等。”

例 1：甲 4 天可以独自完成的事情，乙需要 10 天才能完成。如果两人合做，一天可以完成多少？几天可以做完呢？

不用说，这题的作图和行路问题实质上没有区别。我们所犹豫的，就是行路的问题中，距离有数目表示出来，这里却没有，应当怎样处理呢？

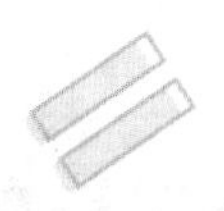

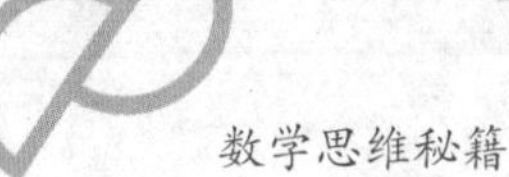

但这困难马上就解决了，马先生说："全部工作就算1，无论用多长表示都可以。不过为了易于观察，无妨用一大段作1，而以甲、乙两人做工的天数4和10的最小公倍数20作为全部工作。试用竖线表示工作，横线表示天数，两小段1天，甲、乙各自的工作线怎么画？"

到了这一步，我们没有一个人不会画了。如图4-1，OA是甲的工作线，OB是乙的工作线。大家画好后争着给马先生看，其实他已知道我们都会画了，尽管眼睛并不曾看到每个人的图上，口里却说："对的，对的。"

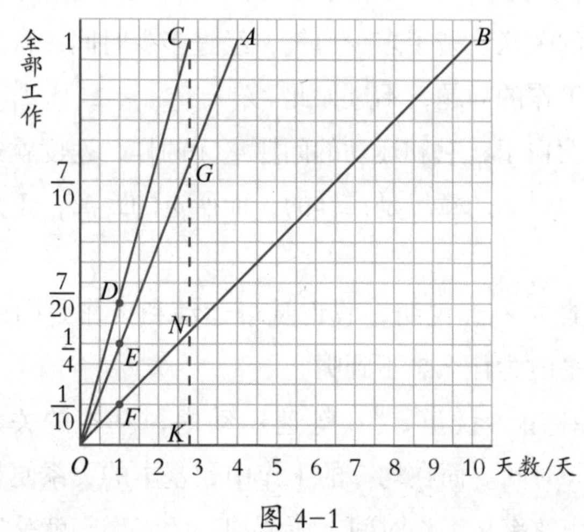

图 4-1

大家回到座位上后，马先生便问："那么，甲、乙每人一天做多少工作？"

图上表示得很清楚，点E的竖直高度是$\frac{1}{4}$，点F的竖直高度是$\frac{1}{10}$。

"甲一天做$\frac{1}{4}$，乙一天做$\frac{1}{10}$！"差不多是全体同声回答。

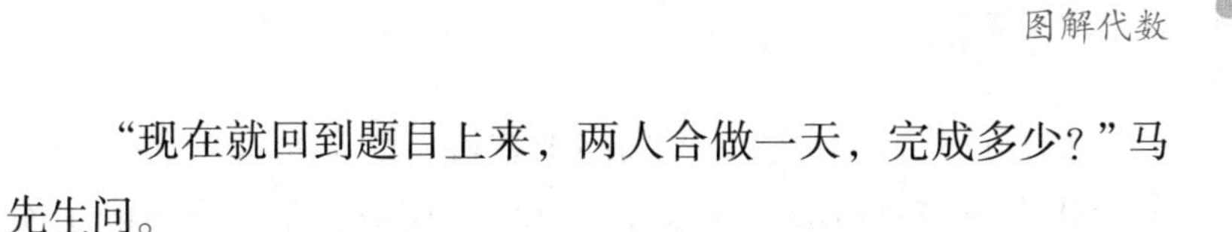

“现在就回到题目上来，两人合做一天，完成多少？”马先生问。

“$\frac{7}{20}$！”王有道回答。

“怎么知道的？”马先生望着他。

“$\frac{1}{4}$加上$\frac{1}{10}$，就是$\frac{7}{20}$！”王有道说。

“这是算出来的，不行！”马先生说。

这可把我们难住了。马先生笑着说：“有的事，往往如此，越容易的，常常越使人发呆，感到不知所措。点E的竖直高度是甲一天完成的，点F的竖直高度是乙一天完成的，把点F的高度接在点E的高度上，得点D，点D的竖直高度不就是两人合做一天所完成的吗？”

“不错，从点D横着一看，正是$\frac{7}{20}$。”我回答。

“那么，试把OD连起来，并且延长到C，与OA、OB相齐。两人合做两天完成多少？”马先生问。

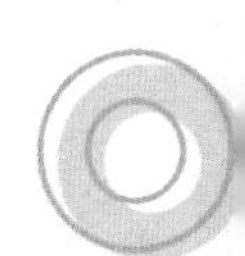

“$\frac{14}{20}$！”我回答。

“就是$\frac{7}{10}$！”周学敏加以修正。

“几天可以完成？”马先生接着问。

“三天不到！”王有道回答。

“为什么？”马先生问。

“从点C看下来是$2\frac{8}{10}$的样子。”王有道说。

“为什么从点C看下来就是呢？周学敏！”马先生指定他回答。

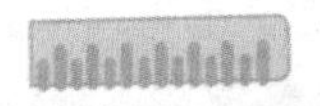

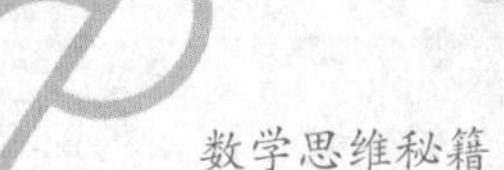

我有点儿替他着急，然而出乎意料，他立刻回答道：“均一的工作，每天完成的工作量是一样的，所以若干天完成的工作量和一天完成的工作量，是‘定倍数’的关系。直线OC正表示这关系，点C又在表示全工作的横线上，所以OK的长度便是所求的天数。”

“不错！讲得很透彻！”马先生非常满意。

周学敏进步得真快！下课后，因为钦敬他的进步，我便找他一起去散步。边散步边谈，没说几句就谈到算学上去了。

他说感觉我这几天像个“算学迷”，这样下去会成“算学疯子”的。不知道他是否在和我开玩笑，不过这十几天，对于算学我深感舍弃不下，却是真情。

我问他为什么进步这么快，他却不承认有什么大的进步，我便说：“有好几次，你回答马先生的问话，都完全正确，马先生不是也很满意吗？”

“这不过是听了几次讲课以后，我就找出马先生的法门来了。说来说去，不外乎三种关系：一是和一定；二是差一定；三是倍数一定。所以我就只从这三点上去想。”周学敏这样回答。

对于这个回答，我非常高兴，但不免有点儿惭愧，为什么同样听马先生讲课，我却找不出这法门呢？而且我也有点儿怀疑：“这法门一定灵吗？”

我便这样问他，他想了想，说：“这我不敢说。不过，过去的都灵就是了，抽空我们去问问马先生。”

我真是对数学着迷了，立刻就拉着他一同去。走到马先生的房里，他正躺在藤榻上冥想，手里拿着一把蒲扇，不停地摇着，一见我们便笑着问道：“有什么难题了！是不是？”

我看了周学敏一眼，周学敏说："听了先生这十几节课，觉得说来说去，总是'和一定''差一定''倍数一定'，是不是所有的问题都逃不出这三种关系呢？"

马先生想了想："就问题的变化上说，自然是如此。"

这话我们不是很明白，他似乎看出来了，接着说："比如说，两人年龄的差一定，这是从他们一生下来就可以看出来的。又比如，走的路程和速度是定倍数的关系，这也是从时间的连续中看出来的。所以说就问题的变化上说，逃不出这三种关系。"

"为什么逃不出？"我大胆地提出疑问，心里有些忐忑。

"不是为什么逃不出，是我们不许它逃出。因为我们对于数量的处理，在算学中，只有加、减、乘、除四种方法。加法产生和，减法产生差，乘、除法产生倍数。"

我们这才明白了。后来又听马先生谈了其他问题，我们就出来了。因为这段话是理解算学的基本，所以我补充在这里。现在回到本题的算法上去，这是没有经马先生讲解，我们都知道了的。

$$1 \div \left(\frac{1}{4} + \frac{1}{10}\right) = 2\frac{6}{7}$$

1	$\frac{1}{4}$	$\frac{1}{10}$	$2\frac{6}{7}$
⋮	⋮	⋮	⋮
全部工作	甲一天工作	乙一天工作	时间

马先生提示一个别的解法，更是妙："把工作当成行路一般看待，那么，这问题便可看成甲从一端出发，乙从另一端出发，两人几时相遇一样。"

当然一样呀！我们不是可以把全部工作看成一长条，而

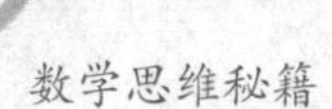

甲、乙各从一端相向进行工作，如卷布一样吗？

这一来，图解法和算法更是容易思索了。图4-2中OA是甲的工作线，CD是乙的工作线，OA和CD交于点E。从点E看下来仍是$2\frac{8}{10}$多一点儿。

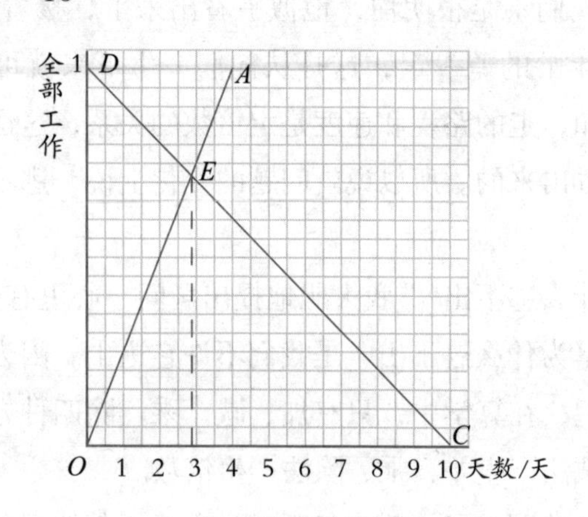

图4-2

例2：一水槽装有进水管和出水管各一根，进水管8小时可以注满，出水管12小时可以流尽。如果两管同时打开，几小时可以注满水呢？

这题和例1不同，就事实上一想便可明白，每小时槽里储蓄的水量，是两根水管流水量的差。而例1作图时，将点F的高度接在点E的高度上得点D，点D的高度表示甲、乙工作的和。这里自然要从点E的高度截下点F的高度得点D的高度，表示两根水管流水的差。

流水就是水管在工作呀！所以在图4-3中，OA是进水管的工作线，OB是出水管的工作线，OC便是它们俩的工作差，

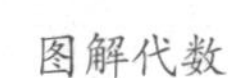

表示定倍数的关系。由点C看下来得24小时，算法如下：

$$1 \div \left(\frac{1}{8} - \frac{1}{12}\right) = 24$$

⋮　　⋮　　⋮　　⋮

全部水量　进水　出水　时间

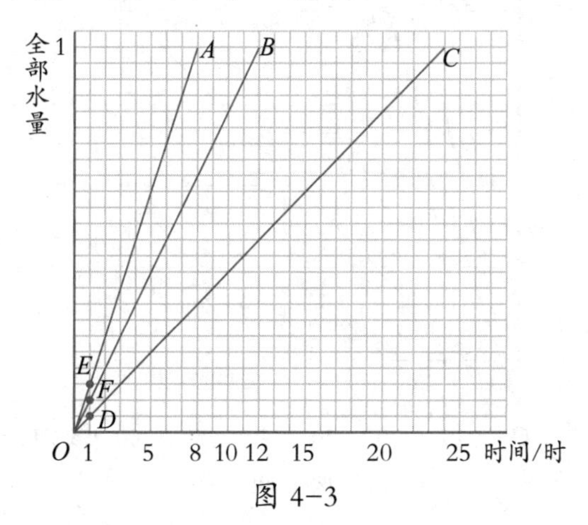

图 4-3

当然，这个题目也可以有另一种解法。我们可以想象为：出水管距入水管有一定的路程，两人同时出发，进水管从后面追出水管，求什么时候能追上。

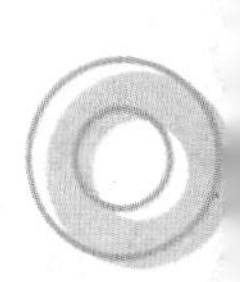

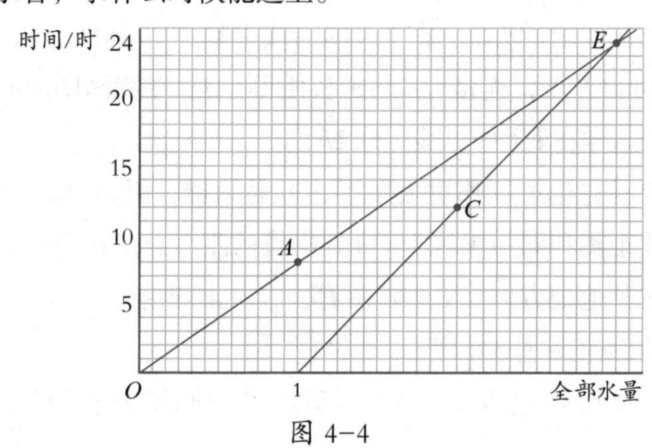

图 4-4

如图4-4，OA是进水管的工作线，$1C$是出水管的工作线，它们相交于点E，横看过去正是24小时。

例3：一项工作，甲、乙两人合做15天完工，甲单独做20天完工，求乙单独做几天完工。

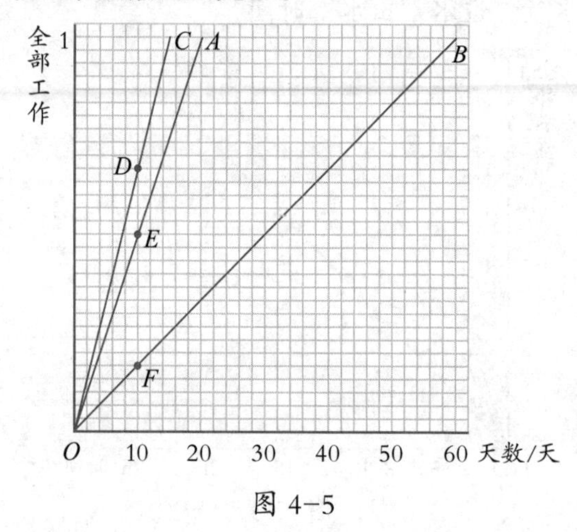

图 4-5

“这只是由例1变化衍生出来的，你们应当会做了。”结果马先生指定我画图和解释。

不过是例1的图中先有了OA、OC两条线而求画OB线，照前例，所取的ED应在1天的纵线上且应等于$1F$。依ED取$1F$便可得F点，连接OF并延长便得OB。在我画图的时候，本是照这样在1天的纵线上取$1F$的。

但马先生说，那里太窄了，容易画错，因为OA和OC间的纵线距离和同一纵线上OB到横线的距离总是相等的，所以不妨在其他地方取点F。就图看去，在10这点，向上到OA、OC，相隔正好是5小段。

我就从10这点向上5小段取点F，连OF延长到与点C、

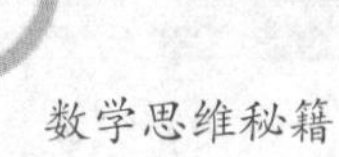

A相齐，竖看下来是60。所以乙要做60天才能做完。对于这么大的答数，我有点儿放心不下，好在马先生没有说什么，我就认为对了。后来计算的结果，确实是要60天才做完。

$$1 \div \left(\frac{1}{15} - \frac{1}{20}\right) = 60$$

全部工作　合做　甲独做　乙独做天数

本题照别的解法做，那就和这样的题目相同：

甲、乙两人由两地同时出发，相向而行，15小时在途中相遇，甲走完全路需20小时，乙走完全路需几小时？

如图4-6，先作OA表示甲的行路，再从15这点画纵线和OA交于E点，连DE延长到C，便得60天。

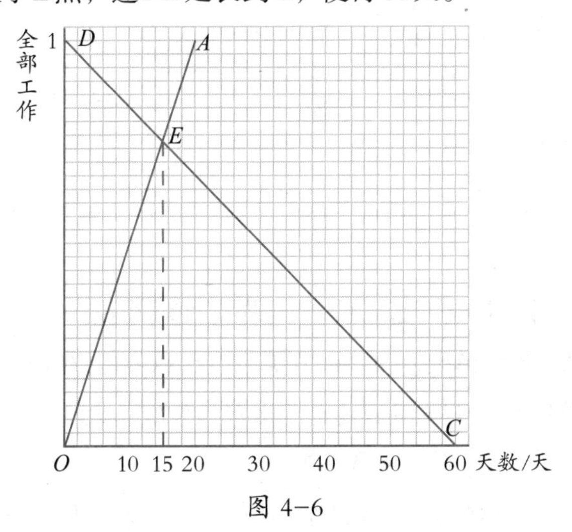

图 4-6

例4：甲、乙两人合做一项工程，5天完成$\frac{1}{3}$，其余由乙单独做，16天完成。问甲、乙单独做完各需几天？

“这题难不难？”写完题，马先生这样问。

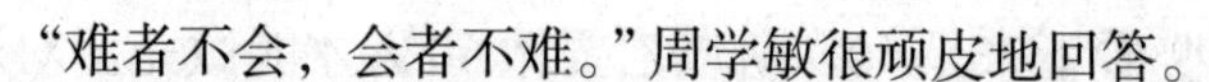

“难者不会，会者不难。”周学敏很顽皮地回答。

“你是难者，还是会者？”马先生跟着问周学敏。

“两人合做，5天完成$\frac{1}{3}$，5天的纵线和工作$\frac{1}{3}$的横线交于点K，连OK延长得OC（如图4–7），这是两人合做的工作线，所以两人合做共需15天。”周学敏说。

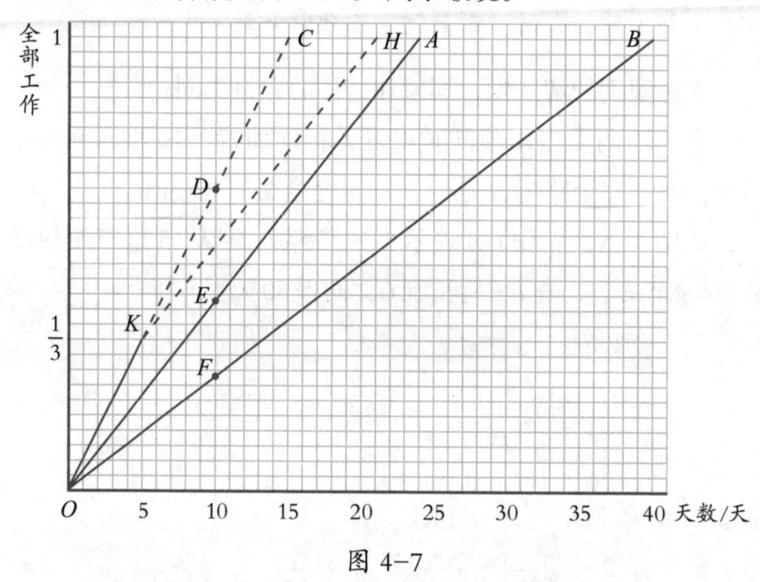

图 4–7

“最后一句是不必要的。”马先生加以纠正。

“从5天后16天，一共是21天，21天这点的纵线和全工作这点的横线交于点H，连KH便是乙接着单独做16天的工作线。”

“对的！”马先生赞赏地说。

“过点O作OA和KH平行，这是乙单独做全工作的工作线，他24天做完。”周学敏说完停住了。

“还有呢？”马先生催促他。

“在10天这点的纵线上量OC和OA的距离ED的长，从

10这点起量$10F$等于ED，得点F。连OF并延长，得OB，这是甲的工作线，他单独做需40天。”周学敏真是有了惊人的进步，他的算学从来不及王有道呀！

马先生夸奖他说：“周学敏，你已经掌握了解决问题的关键了。”

这题当然也可用别的解法做，不过和前面几道题大同小异，所以略去，至于它的算法，那就是：

$$1 \div \left(\frac{2}{3} \div 16 \right) = 24$$

全部工作　乙独做的　乙独做全部工作的天数

$$1 \div \left(\frac{1}{3} \div 5 - \frac{1}{24} \right) = 40$$

全部工作　合做　乙做　甲独做全部工作的天数

例5：甲、乙、丙三人合做一项工程，8天做完一半。由甲、乙两人继续，又是8天完成剩余的$\frac{3}{5}$。再由甲单独做，12天完成。甲、乙、丙单独做这项工程，各需几天？

马先生写完题，王有道随口说：“越来越复杂了。”

马先生听了含笑说：“应当说越来越简单了呀！”

大家都不说话，题目明明复杂起来了，马先生却说“应当说越来越简单了”，岂非奇事。然而他的解说是：“前面几个例题的解法，如果已经彻底明白了，这个题不就只是照抄老文章便可解决了吗？有什么复杂呢？”

这自然是没错的，不过抄老文章罢了！

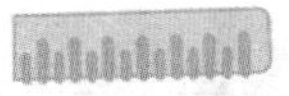

（1）如图4-8，先依8天做完一半这个条件画OF，是三人合做8天的工作线，也是三人合做的工作线的“方向”。

（2）由点F起，依8天完成剩余工作的$\frac{3}{5}$这个条件，作FG，这便表示甲、乙两人合做的工作线的“方向”。

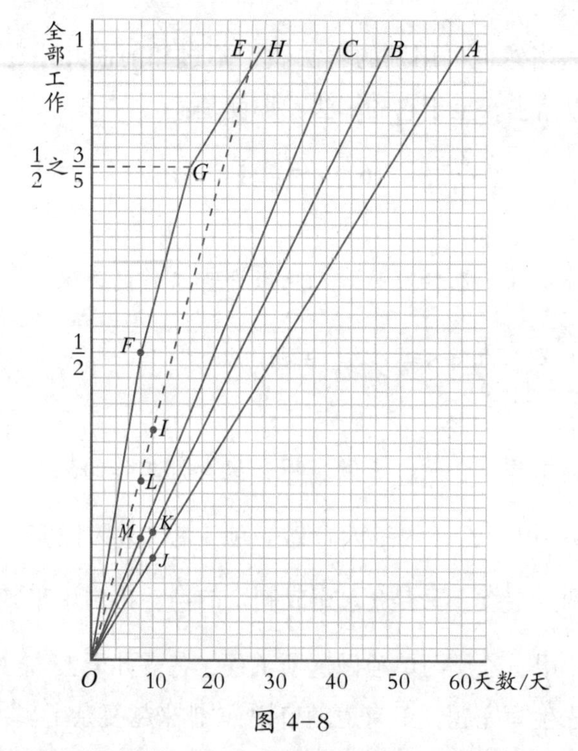

图 4-8

（3）由点G起，依12天完成这条件，作GH，这便表示甲单独做的工作线的“方向”。

（4）过点O作OA平行于GH，得甲单独做的工作线，他要60天才做完。

（5）过O作OE平行于FG，这是甲、乙两人合做的工作线。

（6）在10这点的纵线和OA交于点J，和OE交于点I。

照 $10J$ 的长，由点 I 的高度截下来得点 K，连 OK 并且延长得 OB，就是乙单独做的工作线，他要48天完成全工。

（7）在8这点的纵线和甲、乙合做的工作线 OE 交于点 L，又三人合做的工作线 OF 与8这点的纵线交于点 F。从8起在这纵线上截 $8M$ 等于 LF 的长，得点 M。连 OM 并且引长得 OC，便是丙单独做的工作线，他40天就可完成全部工作了。

作图如此，算法也易于明白。

甲独做：$1 \div \left[\left(\frac{1}{2} - \frac{3}{5} \times \frac{1}{2}\right) \div 12\right] = 60$

全部工作（1）　剩余一半（$\frac{1}{2}$）　甲、乙合做的（$\frac{3}{5} \times \frac{1}{2}$）　天数（60）

甲一人一天的工作（$\left(\frac{1}{2} - \frac{3}{5} \times \frac{1}{2}\right) \div 12$）

乙独做：$1 \div \left(\frac{3}{5} \times \frac{1}{2} \div 8 - \frac{1}{60}\right) = 48$

全部工作（1）　甲、乙合做一天（$\frac{3}{5} \times \frac{1}{2} \div 8$）　甲做一天（$\frac{1}{60}$）　天数（48）

丙独做：$1 \div \left(\frac{1}{2} \div 8 - \frac{3}{5} \times \frac{1}{2} \div 8\right) = 40$

全部工作（1）　三人合做一天（$\frac{1}{2} \div 8$）　甲、乙合做一天（$\frac{3}{5} \times \frac{1}{2} \div 8$）　天数（40）

例6：有一项工程，甲、乙两人合做 $\frac{8}{3}$ 天完成，乙、丙两人合做 $\frac{16}{3}$ 天完成，甲、丙两人合做 $\frac{16}{5}$ 天完成，那么每人单独做各需要几天完成呢？

“这倒是真正地越来越复杂，老文章不好直接照抄了。”

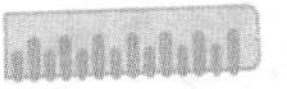

马先生说。

“不管三七二十一，先把每两人合做的工作线画出来。”没有人回答，马先生接着说。

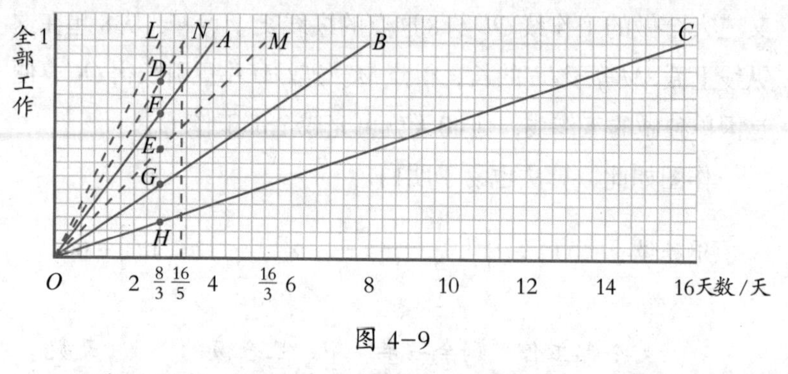

图 4-9

这自然是抄老文章，如图4-9，OL是甲、乙合做的工作线，OM是乙、丙合做的工作线，ON是甲、丙合做的工作线，马先生叫王有道在黑板上画了出来。随手，他将在点L的纵线和ON、OM的交点分别写上D和E。

“LD表示什么？”

“乙、丙的工作差。”王有道回答。

“好，那么从点E所在纵线上向上接EF，使EF等于LD，则$\frac{8}{3}$到点F是什么？”

“乙的工作2倍。”周学敏回答。

“所以，取$\frac{8}{3}$到点F的一半为点G，连OG并且延长到点B，就是乙单独做的工作线，他要8天完成。再从点G起，截去一个LD得点H，$\frac{3}{8}$到点H是什么？”

“丙的工作。”我回答。

“连OH延长到点C，OC就是丙独自做的工作线，他完成

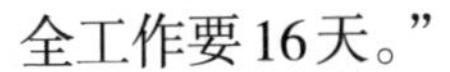

全工作要16天。”

“从点D起截去$\frac{3}{8}H$所得的点正好与点F重合，$\frac{3}{8}F$不用说是甲的工作。连OF延长得OA，这是甲单独做的工作线。他要几天才能做完全部工程？”

“4天。”大家很高兴地回答。

这题的算法如下：

甲独做：$1 \div \left[\left(\frac{3}{8}+\frac{3}{16}+\frac{5}{16}\right)\div 2-\frac{3}{16}\right]=4$

$\frac{3}{8}$：甲、乙一天做；$\frac{3}{16}$：乙、丙一天做；$\frac{5}{16}$：甲、丙一天做；$\left(\frac{3}{8}+\frac{3}{16}+\frac{5}{16}\right)\div 2$：甲、乙、丙三人一天做；$\frac{3}{16}$：乙、丙一天做；4：天数

乙独做：$1 \div \left(\frac{3}{8}-\frac{1}{4}\right)=8$

$\frac{3}{8}$：甲、乙一天做；$\frac{1}{4}$：甲一天做；8：天数

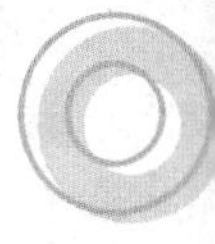

丙独做：$1 \div \left(\frac{5}{16}-\frac{1}{4}\right)=16$

$\frac{5}{16}$：甲、丙一天做；$\frac{1}{4}$：甲一天做；16：天数

马先生结束这一课时说：“这节课到此为止。下节课我们来把四则问题做一个总结，将没有讲到的，且常见的题目大概讲一下，大家也可提出觉得困难的问题来。其实全部算术的问题都是四则问题。”

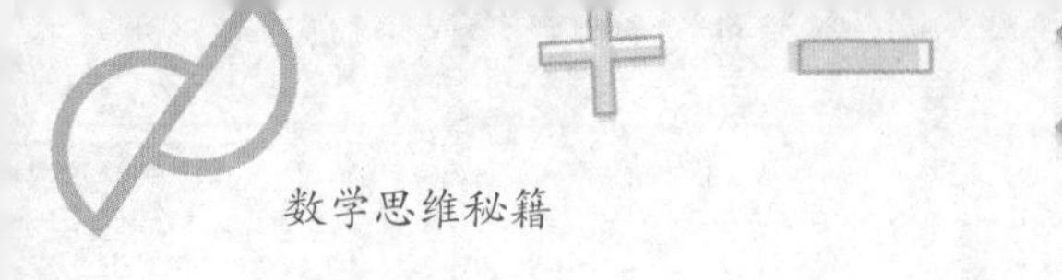

基本公式与例解

工作总量是指在一定时间内职员所完成的工作总和，在其他条件相同的情况下，职员的工作数量越多越好。

工作产出与投入之比，通俗地讲就是在进行某任务时，取得的成绩与所用时间、精力、金钱等的比值。产出大于投入，就是正效率；产出小于投入，就是负效率。工作效率是评定工作能力的重要指标。提高工作效率就是要求正效率值不断增大。一个人的工作能力如何，很大程度上看工作效率的高低。

1. 工程问题的基本数量关系

工作效率×工作时间＝工作总量

工作总量÷工作时间＝工作效率

工作总量÷工作效率＝工作时间

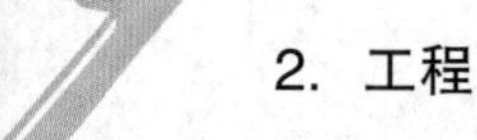

2. 工程问题的基本特点

设工作总量为“1”，工作效率＝1÷工作时间

比如一项工程，甲单独做需要6天完成，乙单独做需要10天完成，那么甲的工作效率就是$\frac{1}{6}$，乙的是$\frac{1}{10}$（即1天工作全部工程的$\frac{1}{6}$或$\frac{1}{10}$）。下面举例说明：

例1：一项工程，甲、乙两队合做20天可以完成。共同做了8天后，甲队离开，由乙队继续做了18天才完成。如果这项

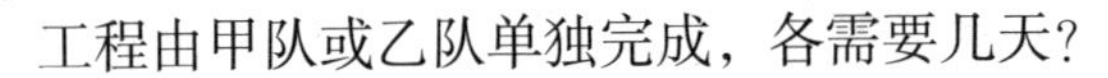

工程由甲队或乙队单独完成，各需要几天?

解：设这项工程为单位“1”。

当甲队离开后，乙队做的工作量为$1-\frac{1}{20}\times 8=\frac{3}{5}$。

乙队单独完成这项工程的时间为$18\div\frac{3}{5}=30$（天）。

甲队单独完成的时间为$1\div\left(\frac{1}{20}-\frac{1}{30}\right)=60$（天）。

答：甲队单独做需60天，乙队单独做需30天。

例2：师傅和徒弟合做一件工作，要15天才能完成。若让师傅先做10天，剩下的工作徒弟单独做还需要17天才能完成，则徒弟单独做这件工作需要多少天才能完成?

分析：由于给出条件是“合做15天完成”，所以将分开做的转化成为合做10天共做多少：$\frac{1}{15}\times 10$；还剩下多少：$1-\frac{1}{15}\times 10=\frac{1}{3}$。徒弟单独做几天完成：$(17-10)\div\frac{1}{3}=21$（天）。

解：$(17-10)\div\left(1-\frac{1}{15}\times 10\right)$

$=7\div\left(1-\frac{2}{3}\right)$

$=7\div\left(1-\frac{1}{3}\right)$

$=21$（天）。

答：徒弟单独做这件工作需21天才能完成。

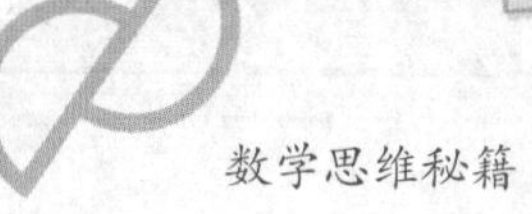

应用习题与解析

1. 基础练习题

（1）一项工程，甲队独做要12天完成，乙队独做要15天完成，两队合做4天可以完成这项工程的（　）。

考点：工程问题。

分析：本题考查的是两队的工程问题，解决本题的关键是求出甲、乙两队的工作效率之和，进而用工作效率×工作时间=工作量求解。

解：甲队的工作效率为$1\div12=\frac{1}{12}$，

乙队的工作效率为$1\div15=\frac{1}{15}$，

两队合做4天，可以完成这项工程的：

$\left(\frac{1}{12}+\frac{1}{15}\right)\times4=\frac{3}{5}$。

答案：$\frac{3}{5}$。

（2）一批零件，甲独做6小时完成，乙独做8小时完成。现在两人合做，完成任务时甲比乙多做24个，则这批零件共有（　）个。

考点：工程问题。

分析：设总工作量为1，则甲每小时完成$\frac{1}{6}$，乙每小时完成$\frac{1}{8}$，甲比乙每小时多完成$\frac{1}{6}-\frac{1}{8}$，二人合做时每小时完成$\frac{1}{6}+\frac{1}{8}$。二人合做需要$\left[1\div\left(\frac{1}{6}+\frac{1}{8}\right)\right]$小时，这个时间内，甲比

乙多做24个零件。

解：每小时甲比乙多做的零件数：

$$24\div\left[1\div\left(\frac{1}{6}+\frac{1}{8}\right)\right]$$

$$=24\div\left(1\div\frac{7}{24}\right)$$

$$=24\div\frac{24}{7}$$

$=7$（个）。

这批零件的数量：

$7\div\left(\frac{1}{6}-\frac{1}{8}\right)=168$（个）。

答案：168。

（3）一件工作，甲独做12小时完成，乙独做10小时完成，丙独做15小时完成。现在甲先做2小时，余下的由乙、丙两人合做，还需（　）小时才能完成。

考点：工程问题。

分析：必须先求出各人的工作效率。如果能把效率用整数表示，就会给计算带来方便。因此，我们设总工作量为12、10和15的某一公倍数，例如最小公倍数60，则甲、乙、丙三人的工作效率分别是$60\div12=5$，$60\div10=6$，$60\div15=4$。

解：（方法一）余下的工作量由乙、丙合做还需要：

$$(60-5\times2)\div(6+4)$$

$$=(60-10)\div10$$

$$=50\div10$$

$=5$（时）。

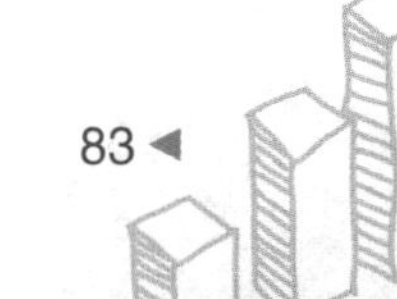

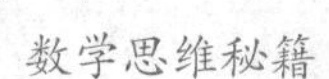

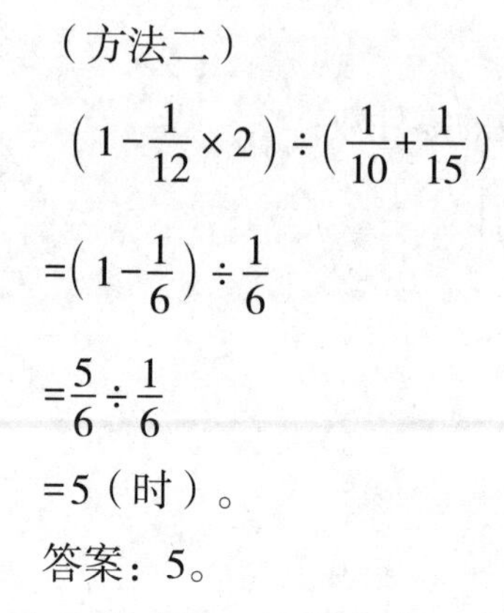
（方法二）

$\left(1-\frac{1}{12}\times2\right)\div\left(\frac{1}{10}+\frac{1}{15}\right)$

$=\left(1-\frac{1}{6}\right)\div\frac{1}{6}$

$=\frac{5}{6}\div\frac{1}{6}$

=5（时）。

答案：5。

（4）一个水池，底部装有一个常开的排水管，上部装有若干个同样粗细的进水管。当打开4个进水管时，需要5小时才能注满水池；当打开2个进水管时，需要15小时才能注满水池。现在要用2小时将水池注满，至少要打开（　）个进水管。

考点：工程问题。

分析：注水或排水问题是一类特殊的工程问题。往水池注水或从水池排水相当于一项工程，水的流量就是工作量，单位时间内水的流量就是工作效率。若要2小时内将水池注满，即要使2小时内的进水量与排水量之差刚好是一池水。为此需要知道进水管、排水管的工作效率及总工作量，即注满一池水。只要设某一个量为单位1，其余两个量便可由条件推出。

解：设每个同样的进水管每小时注水量为1，则4个进水管5小时的注水量为1×4×5，2个进水管15小时的注水量为1×2×15，

从而可知每小时的排水量为

（1×2×15−1×4×5）÷（15−5）=1。

即一个排水管与每个进水管的工作效率相同。

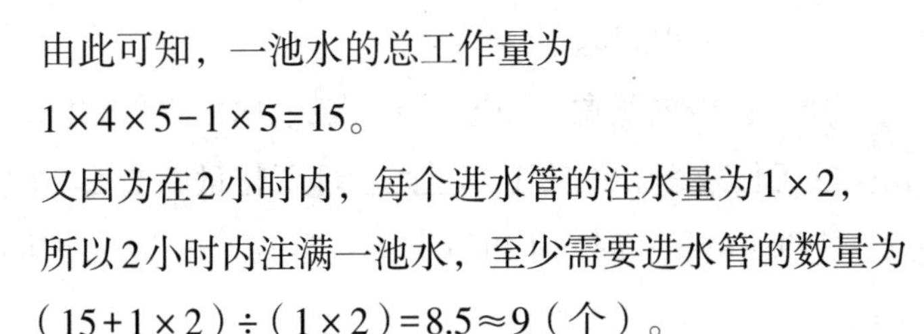

由此可知，一池水的总工作量为

$1\times4\times5-1\times5=15$。

又因为在2小时内，每个进水管的注水量为1×2，

所以2小时内注满一池水，至少需要进水管的数量为

$(15+1\times2)\div(1\times2)=8.5\approx9$（个）。

答案：9。

（5）一项工程，甲、乙两队合做30天可以完成。如果甲队单独做24天后，乙队再加入；两队合做12天后，甲队因事离去，由乙队继续做了15天才完成。这项工程如果由甲队单独做，需要（　）天完成。

考点：工程问题。

分析：我们可以将“甲队单独做24天后，乙队再加入；两队合做12天后，甲队因事离去，由乙队继续做了15天才完成”转化为“甲、乙两队合做27天，甲再单独做9天”。

解：由此可以求出甲9天的工作量为$1-\frac{1}{30}\times27=\frac{1}{10}$，

甲每天的工作效率为$\frac{1}{10}\div9=\frac{1}{90}$。

这项工程如果由甲队单独做，需要：

$1\div\frac{1}{90}=90$（天）。

答案：90。

（6）有一项工程，甲单独做需要6小时，乙单独做需要8小时，丙单独做需要10小时。上午8时三人同时开始，中间甲有事离开，如果到中午12时工程才完工，那么甲上午离开的时间是（　）时（　）分。

考点：工程问题。

分析：根据题意，知道了甲、乙、丙的工作时间，可求出相应的工作效率。甲的工作量是全部工作量减去乙、丙的工作量，所以甲的工作时间也可以求出，即甲上午离开的时间也可以求出。

解：甲的工作量为$1-(\frac{1}{8}+\frac{1}{10})\times4=\frac{1}{10}$。

甲的工作效率为$1\div6=\frac{1}{6}$。

所以甲的工作时间为$\frac{1}{10}\div\frac{1}{6}=\frac{3}{5}$（时），

即甲的工作时间为$\frac{3}{5}\times60=36$（分）。

所以甲离开的时间是8时36分。

答案：8，36。

（7）一项工程要在规定的时间内完成，若甲单独做，要比规定的时间推迟4天；若乙单独做，要比规定的时间提前2天完成；若甲、乙合做3天，剩余部分由甲单独完成，恰好在规定时间内完成。规定的时间为（　）天。

考点：工程问题。

分析：遇到两人完成工作，可考虑采用纵向比较法。甲做（$x+4$）天可完成工程，甲做x天，乙做3天也可以完成工作，也就是说甲做4天等于乙做3天的量，甲、乙的工作效率比为3∶4。由$\frac{1}{x+4}:\frac{1}{x-2}=3:4$，可得（$x-2$）∶（$x+4$）=3∶4，比例差1份，差的值为6，得到$x=20$。

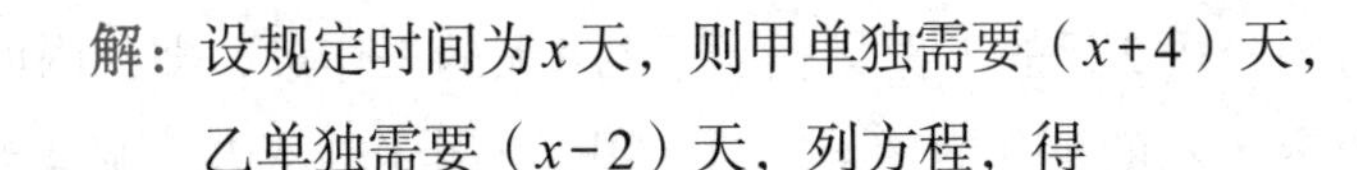

解：设规定时间为x天，则甲单独需要（$x+4$）天，

乙单独需要（$x-2$）天，列方程，得

$\frac{x}{x+4}+\frac{3}{x-2}=1$。

解得　　$x=20$。

答案：20。

（8）一项工程，甲独做要12天，乙独做要18天，丙独做要24天。这件工作由甲先做了若干天，然后由乙接着做，乙做的天数是甲做的天数的3倍，再由丙接着做，丙做的天数是乙做天数的2倍，终于做完了这项工程。完成这项工程共用了（　）天。

考点：工程问题。

分析：由题意设全部工作量为72（最小公倍数），则甲每天完成6，乙每天完成4，丙每天完成3。

解：设甲做x天，则乙为$3x$天，丙为$6x$天。

则有$6\times x+4\times 3x+3\times 6x=72$。

解得　　　　　　　　$x=2$。

说明甲做了2天，乙做了$2\times 3=6$（天），丙做了$2\times 6=12$（天）。

所以三人一共做了$2+6+12=20$（天）。

答案：20。

（9）一项工程，甲、乙、丙三人合做需要13天完成。如果丙休息2天，乙就要多做4天，或者由甲、乙合做1天，则这项工程由甲独做需要（　）天。

考点：工程问题。

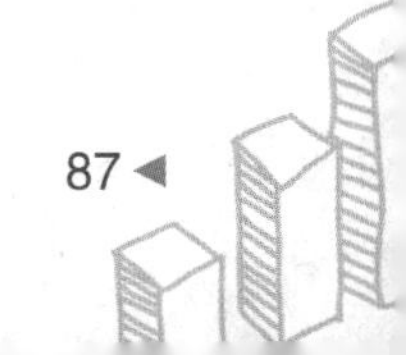

分析：丙2天的工作量相当于乙4天的工作量，即：丙的工作效率：乙的工作效率=2：1。甲、乙合作1天与乙做4天一样，也就是甲做1天相当于乙做3天。

解：丙的工作效率：乙的工作效率=2：1，

甲的工作效率：乙的工作效率=3：1，

所以甲的工作效率等于乙和丙的工作效率之和。

他们共同做13天的工作量，由甲单独完成需要26天，

所以甲独做需要26天。

答案：26。

（10）某项工作，甲组3人8天能完成工作，乙组4人7天也能完成工作，则甲组2人和乙组7人合做（　）天能完成这项工作。

考点：工程问题。

分析：根据工作数量的基本特点：设工作总量为“1”，工作效率=1÷工作时间。

解：设这项工作总量为1，则甲每人每天能完成$\frac{1}{24}$，

乙每人每天能完成$\frac{1}{28}$。

甲组2人和乙组7人能每天能完成：

$\frac{1}{24}\times 2+\frac{1}{28}\times 7=\frac{1}{3}$。

故合做$1\div\frac{1}{3}=3$天能完成这项工作。

答案：3。

2. 提高练习题

（1）制作一批零件，甲车间单独做，需要10天完成。如果甲车间与乙车间一起做，只要6天就能完成；乙车间与丙车间一起做，需要8天才能完成。现在三个车间一起做，完成后发现甲车间比乙车间多制作零件2400个。问丙车间制作了多少个零件？

考点：工程问题。

分析：10与6的最小公倍数是30。设制作零件全部的工作量为30份，则甲每天完成3份，甲、乙一起做每天完成5份，由此得出乙每天完成2份。乙、丙一起做需要8天完成，乙完成$2\times8=16$份，丙完成$30-16=14$份，则乙、丙的工作效率之比是$16:14=8:7$。

解：乙的工作效率是$\frac{1}{6}-\frac{1}{10}=\frac{1}{15}$，

丙的工作效率是$\frac{1}{8}-\frac{1}{15}=\frac{7}{120}$，

所以甲、乙、丙三人的工作效率之比为

$\frac{1}{10}:\frac{1}{15}:\frac{7}{120}=12:8:7$。

当三个车间一起做时，丙制作的零件个数是

$2400\div(12-8)\times7$

$=2400\div4\times7$

$=4200$（个）。

答：丙车间制作了4200个零件。

（2）某筑路队承担了修一条公路的任务。原计划每天修720米，实际每天比原计划多修80米，这样实际修的差

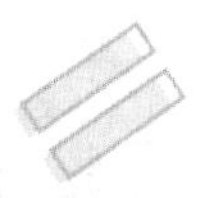

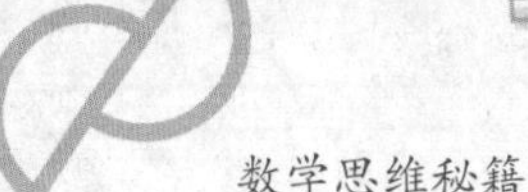
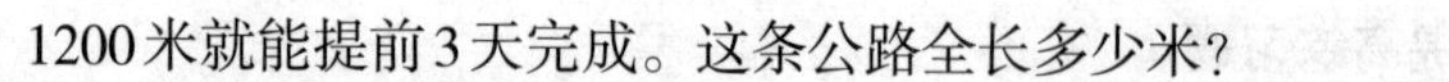

1200米就能提前3天完成。这条公路全长多少米？

考点：工程问题。

分析：根据计划每天修720米，这样实际提前的长度是（720×3−1200）米。根据每天多修80米可求已修的天数，进而求公路的全长。

解：已修的天数为

（720×3−1200）÷80

=（2160−1200）÷80

=960÷80

=12（天）。

公路全长为

（720+80）×12+1200

=800×12+1200

=9600+1200

=10800（米）。

答：这条公路全长10800米。

（3）修一条水渠，单独修，甲队需要20天完成，乙队需要30天完成。如果两队合做，由于配合施工有影响，他们的工作效率就要降低，甲队的工作效率是原来的$\frac{4}{5}$，乙队工作效率是原来的$\frac{9}{10}$。现在计划16天修完这条水渠，且要求两队合做的天数尽可能少，那么两队要合做几天？

考点：工程问题。

分析：由题意可知，甲的工作效率为$\frac{1}{20}$，乙的工作效率

为$\frac{1}{30}$，甲、乙合做的工作效率为$\frac{1}{20}\times\frac{4}{5}+\frac{1}{30}\times\frac{9}{10}=\frac{7}{100}$，可知甲、乙合做的工作效率>甲的工作效率>乙的工作效率。

又因为要求“两队合做的天数尽可能少”，所以应该让修的快的甲多修，16天内实在来不及的才让甲、乙合做完成。只有这样，才能“两队合做的天数尽可能少”。

解：设合作时间为x天，则甲独修的时间为（$16-x$）天。

依题意，得

$$\frac{1}{20}\times(16-x)+\frac{7}{100}\times x=1,$$

解得 $x=10$。

答：甲、乙最短合做10天。

（4）一件工作，甲、乙合做需4小时完成，乙、丙合做需5小时完成。现在甲、丙合做2小时后，余下的乙还需做6小时才能完成。乙单独做完这件工作要多少小时？

考点：工程问题。

分析：由题意可知，$\frac{1}{4}$表示甲、乙合做1小时的工作量，$\frac{1}{5}$表示乙丙合做1小时的工作量。$\left(\frac{1}{4}+\frac{1}{5}\right)\times 2=\frac{9}{10}$表示甲做了2小时、乙做了4小时、丙做了2小时的工作量。

解：根据“甲、丙合做2小时后，余下的乙还需做6小时完成”可知，甲做2小时、乙做6小时、丙做2小时一共完成的工作量为1。

乙做2小时的工作量为$1-\left(\frac{1}{4}+\frac{1}{5}\right)\times 2=\frac{1}{10}$，

乙的工作效率为$\frac{1}{10}\div 2=\frac{1}{20}$。

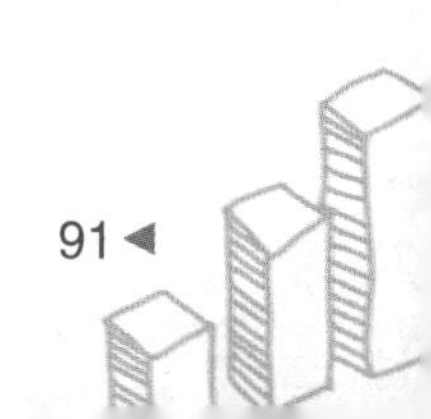

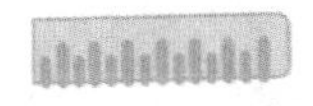

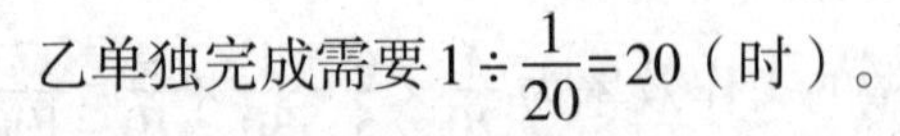

乙单独完成需要$1\div\frac{1}{20}=20$（时）。

答：乙单独完成需要20小时。

（5）一项工程，第一天甲做，第二天乙做，第三天甲做，第四天乙做，这样交替轮流做，那么恰好用整数天完工；如果第一天乙做，第二天甲做，第三天乙做，第四天甲做，这样交替轮流做，那么完工时间要比前一种多半天。已知乙单独完成这项工程需17天，则甲单独完成这项工程要多少天？

考点：工程问题。

分析：由题意可知，最后一天是甲在做，

所以$\frac{1}{甲}+\frac{1}{乙}+\frac{1}{甲}+\frac{1}{乙}+\cdots+\frac{1}{甲}=1$，

$\frac{1}{乙}+\frac{1}{甲}+\frac{1}{乙}+\frac{1}{甲}+\cdots+\frac{1}{乙}+\frac{1}{甲}\times0.5=1$。

上面的式子中：$\frac{1}{甲}$表示甲的工作效率、$\frac{1}{乙}$表示乙的工作效率。

解：$\frac{1}{甲}+\frac{1}{乙}+\frac{1}{甲}+\frac{1}{乙}+\cdots+\frac{1}{甲}=1$，

$\frac{1}{乙}+\frac{1}{甲}+\frac{1}{乙}+\frac{1}{甲}+\cdots+\frac{1}{乙}+\frac{1}{甲}\times0.5=1$。

所以$\frac{1}{甲}=\frac{1}{乙}+\frac{1}{甲}\times0.5$，即$\frac{1}{甲}=\frac{1}{乙}\times2$。

又因为$\frac{1}{乙}=\frac{1}{17}$，所以$\frac{1}{甲}=\frac{2}{17}$，

即甲单独完成这项工程要$1\div\frac{2}{17}=8.5$（天）。

答：甲单独完成这项工程要8.5天。

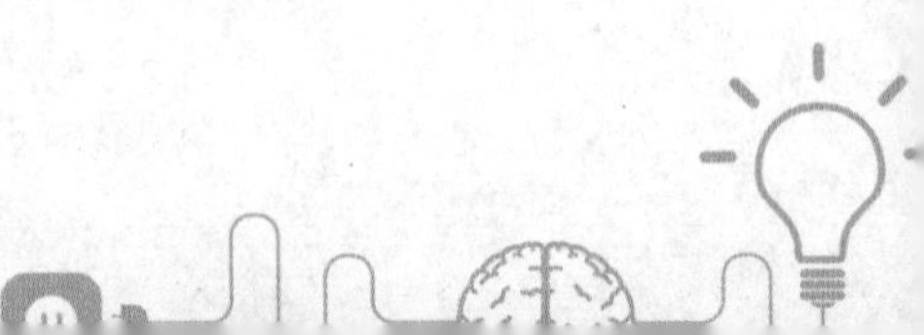

奥数习题与解析

（1）师徒两人加工同样多的零件，当师傅完成$\frac{1}{2}$时，徒弟完成了120个；当师傅完成任务时，徒弟完成了$\frac{4}{5}$。这批零件共有多少个？

分析：由题意可知，当师傅完成任务时，徒弟才完成$\frac{4}{5}$，所以徒弟的工作效率是师傅的$\frac{4}{5}$。又因当师傅完成$\frac{1}{2}$时，徒弟完成120个，那么，师傅的一半就是$120 \div \frac{4}{5} = 150$（个），师傅一共完成了$150 \times 2 = 300$（个）。又因徒弟和师傅完成的一样多，所以两人一共完成$300 \times 2 = 600$（个）。

解：$120 \div \left(\frac{1}{2} \times \frac{4}{5}\right) \times 2$

$= 600$（个）。

答：这批零件共有600个。

（2）一批树苗，如果分给男女生栽，平均每人栽6棵；如果只分给女生栽，平均每人栽10棵。如果只分给男生栽，平均每人栽几棵？

分析：先把这批树苗的总棵数看作单位“1”，则男女生的总人数为$\frac{1}{6}$；女生的人数为$\frac{1}{10}$；那么男生的人数就是$\frac{1}{6} - \frac{1}{10}$，然后解答即可。

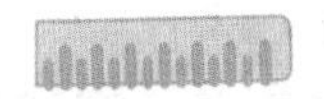

解：$1\div\left(\frac{1}{6}-\frac{1}{10}\right)$

$=15$（棵）。

答：如果只分给男生栽，平均每人栽15棵。

（3）甲、乙两队合修一条公路，甲队单独修要15天修完，乙队单独修要20天修完。现在两队同时修了几天后，由甲队单独修了8天才修完，求乙队修了几天。

分析：甲队单独修要15天修完，则甲队每天完成工程总量的$\frac{1}{15}$；乙队单独修要20天修完，则乙队每天完成工程总量的$\frac{1}{20}$。

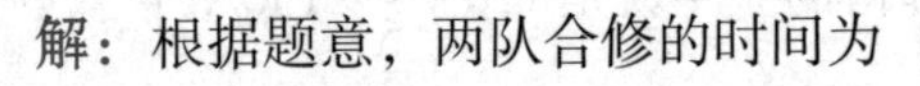

解：根据题意，两队合修的时间为

$\left(1-\frac{1}{15}\times8\right)\div\left(\frac{1}{15}+\frac{1}{20}\right)$

$=\frac{7}{15}\div\frac{7}{60}$

$=\frac{7}{15}\times\frac{60}{7}$

$=4$（天）。

答：乙队修了4天。

（4）一项工程，甲、乙两队合做12天完成，乙、丙两队合做18天完成，甲、丙两队合做9天完成。三队合做需多少天完成？

分析：甲、乙、丙三队合做1天完成工作总量的

$\left(\frac{1}{12}+\frac{1}{18}+\frac{1}{9}\right)\div2$。

解：三队合做完成这项工程所需的时间为

$$1\div\left[\left(\frac{1}{12}+\frac{1}{18}+\frac{1}{9}\right)\div 2\right]$$

$$=1\div\left(\frac{1}{4}\div 2\right)$$

$$=8（天）。$$

答：三队合做需8天完成。

（5）一项工程，甲队单独做要10天完成，乙单独做要30天完成。现在两队合做，期间甲队休息了2天，乙队休息了8天，他们没有在同一天休息。问从开始到完工共用了多少天？

分析：用单位1法，设开始到完工实际用了x天时间，那么就可以知道甲队工作了（$x-2$）天，乙队工作了（$x-8$）天，然后，按工程问题的数量关系，工作总量=工作效率×工作时间计算。

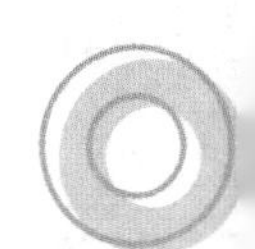

解：$(x-2)\times\frac{1}{10}+(x-8)\times\frac{1}{30}=1$，

$x=11$。

答：从开始到完工共用了11天。

课外练习与答案

1. 基础练习题

（1）一项工程，甲队单独做20天完成，乙队单独做30天完成。甲、乙两队合做，多少天可以完成？

（2）一项工程，甲队单独做20天完成，乙队单独做30天

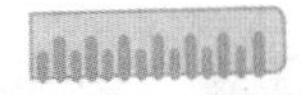
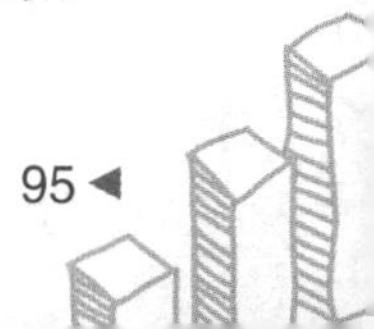

完成，丙队单独做24天完成。甲、乙、丙三队合做，多少天可以完成？

（3）一项工程，甲队单独做20天完成，乙队的工作效率是甲的$\frac{2}{3}$。甲、乙两队合做，多少天可以完成？

（4）校总务处老师带一些钱去买课桌和椅子，这些钱全买桌子可买30张，全买椅子可买40把。如果一张桌子和两把椅子是一套课桌椅，那么这些钱能买多少套课桌椅？

（5）一项工程，甲队单独做20天完成，乙队单独做30天完成，甲先做这项工程的$\frac{1}{6}$，再由甲、乙两队合做，还要多少天可以完成？

（6）修一条水渠，甲队单独修20天完成，乙队单独修30天完成。两队合修，多少天可以完成？

（7）一项工程，甲队单独做20天完成，乙队单独做30天完成，甲先单独做5天，再由甲、乙两队合做，还要多少天可以完成？

（8）一项工程，甲队单独做20天完成，乙队单独做30天完成，丙队单独做24天完成。甲、乙两队先合做2天，再由丙队单独做，还要多少天可以完成？

（9）一项工程，甲队单独做需要10天完成，甲、乙两队合做需要6天完成。乙单独做需要几天完成？

（10）有甲、乙两项工作，张单独完成甲工作要10天，单独完成乙工作要15天；李单独完成甲工作要8天，单独完成乙工作要20天。如果两人合作，那么这两项工作都完成最少需要多少天？

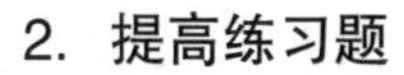

2. 提高练习题

（1）一项工程，甲、乙两队合做12天完成，甲队单独做20天完成。如果让乙队单独做，多少天可以完成？

（2）一件工作，甲单独做要12小时完成，乙单独做要8小时完成。甲、乙合做需要多少小时完成？

（3）一批布料，做上衣可以做20件，做裤子可以做30条。这批布料可以做多少套衣服？

（4）一份材料，甲录入完要2小时，乙录入完要4小时，甲、乙两人合录入多少小时能完成这份材料的一半？

（5）生产一批玩具，甲组要4天完成，乙组要6天完成。两组合做几天能完成这批玩具的$\frac{5}{6}$？

（6）一项工程，甲队单独做要5小时，乙队单独做要6小时。甲队先做了3小时，然后由乙队去做，还要几小时才能完成？

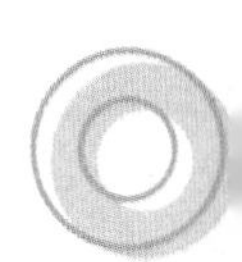

（7）甲、乙两队挖一条水渠，甲队单独挖要8天完成，乙队单独挖要12天完成。现在两队同时挖了几天后，乙队调走，余下的甲队在3天内挖成。乙队挖了多少天？

（8）一项工程，由甲队做30天完成，由乙队做20天完成。

①两队合做5天可以完成这项工程的几分之几？

②两队合做10天，还剩下这项工程的几分之几？

③两队合做几天完成这项工程？

3. 经典练习题

（1）一项工程，甲队单独做60天完成，乙队单独做40天完成。先由甲队单独做10天后，乙队也参加工作，还需几天完成？

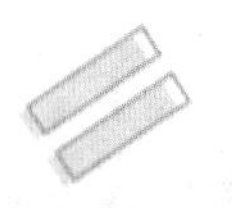

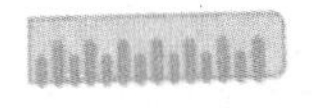

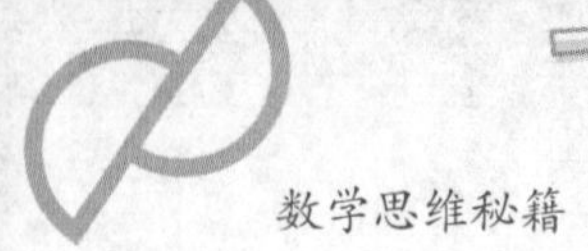

（2）打字员录入一部稿件，甲单独录入4小时可完成，乙单独录入8小时可完成，两人共同录入2小时后，剩下的由乙单独录入，还需要几小时完成？

（3）一批货物，用一辆卡车运18次运完，用一辆三轮车运30次运完。现在用同样的3辆卡车和5辆三轮车一起运，几次可以运完？

（4）一项工程，甲单独做要12天完成，乙单独做要18天完成，甲、乙合做多少天可以完成这项工程的$\frac{5}{6}$？

（5）一套家具，由一个老工人做40天完成，由一个学徒工做80天完成。现由2个老工人和4个学徒工同时合做，几天可以完成？

（6）水池上装有甲、乙两个大小不同的水龙头，单开甲水龙头1小时可注满水池。现在两个水龙头同时注水，20分钟可注满水池的$\frac{1}{2}$。如果单开乙龙头，需要多长时间注满水池？

（7）一项工程，甲队单独做15天完成。已知甲队3天的工作量等于乙队2天的工作量，两队合做几天完成？

（8）修一条公路，甲队单独做要用40天，乙队单独做要用24天。现在两队同时从两端开工，结果在距中点750米处相遇，这条公路长多少米？

答　案

1. 基础练习题

（1）甲、乙两队合做，12天可以完成。

（2）甲、乙、丙三队合做，8天可以完成。

（3）甲、乙两队合做，12天可以完成。

（4）这些钱能买12套课桌椅。

（5）还要10天可以完成。

（6）两队合修，12天可以完成。

（7）还要9天可以完成。

（8）还要20天可以完成。

（9）乙单独做需要15天。

（10）两人合作，这两项工作都完成最少需要12天。

2. 提高练习题

（1）乙队单独做，30天可以完成。

（2）甲、乙合做需要4.8小时完成。

（3）这批布料可以做12套衣服。

（4）甲、乙两人合录入$\frac{2}{3}$小时能完成这份材料的一半。

（5）两组合做2天能完成这批玩具的$\frac{5}{6}$。

（6）还要2.4小时才能完成。

（7）乙队挖了3天。

（8）①两队合做5天可以完成这项工程的$\frac{5}{12}$。

②两队合做10天，还剩下这项工程的$\frac{1}{6}$。

③两队合做12天完成这项工程。

3. **经典练习题**

（1）还需20天完成。

（2）还需要2小时完成。

（3）3次可以运完。

（4）甲、乙合做6天可以完成这项工程的$\frac{5}{6}$。

（5）10天可以完成。

（6）单开乙龙头需要120分钟（或2小时）注满水池。

（7）两队合做6天完成。

（8）这条公路长6000米。

◆ 归一法妙算结果

上次马先生已说过，这次把四则问题做一个总结，而且要我们提出难题来。于是，昨天一整个下午，便消磨在了搜寻难题上。

我约了周学敏一同商量，发现有许多计算法，马先生都不曾讲到，而在已经讲过的方法中，也还遗漏了我觉得难解的问题，清算起来一共差不多二三十道题目。不知道怎样向马先生提出来，因此犹豫了很久！

真奇怪！马先生好像早已明白了我的心理，一走上讲台，便说："今天来总结四则问题，先让你们把想要解决的问题都提出来，我们再依次讨论下去。"

这自然是给我一个提出问题的机会了。因为我想提的问题太多了，所以决定先让别人开口，然后补充。结果我所想到的问题已提出了十分之八、九，只剩了十分之一、二。

因为问题太多的缘故，这次马先生花费的时间确实不少。从"归一法的问题"到"七零八落"，这节是我自己的意见，为的是便于检查。

按照我们提出问题的顺序，马先生从归一法开始，逐一讲下去。对于归一法的问题，马先生提出了一个原理："这类题，本来只是比例的问题，但也可以反过来说，比例的问题本

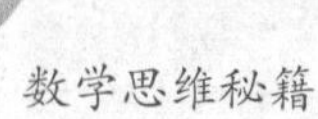

不过是四则问题。这是大家都知道的。”

“王老大30岁，王老五20岁，我们就说他们两兄弟年龄的比是3∶2或$\frac{3}{2}$。其实这和王老大有人民币10元，王老五只有2元，我们就说王老大的人民币是王老五的5倍一样。王老大的年龄是王老五年龄的$\frac{3}{2}$倍，和王老大同王老五年龄的比是$\frac{3}{2}$正是一样的，只不过表达形式不同罢了。”

“那么，在归一法的问题当中，只是‘倍数一定’的关系了？”我好像有了一个人发现似地问。自然，这是昨天得到了周学敏和马先生指点的结果。

“一点儿不错！既然抓住了这个要点，我们就来解答问题吧！”马先生说。

例1：工人6名，4天吃1斗2升米。今有工人10名，做工10天，吃多少米？（斗、升为旧制单位，且1斗=10升）

要点虽已懂得，下手却仍困难。马先生写好了题，要我们画图时，大家都茫然了。

以前的例题，每个只含三个量，而且其中一个量，总是由其他两个量依一定的关系产生的，所以是用横线和纵线各表示一个，从而依它们的关系画线。而本题有人数、天数、米数三个量，题目看上去容易，但却不知道从何下手，只好呆呆地望着马先生了。

马先生见此情景，禁不住笑了起来：“从前有个老师给学生批文章，因为这个学生是个富家公子，批语要好看，但文章做的却太差，他于是只好批了四个字‘六窍皆通’。”

“这个学生非常得意，其他同学见状，跑去问老师。他回答说，人是有七窍的呀，六窍皆通，便是‘一窍不通’了。”

这样一来惹得大家哄堂大笑，但马先生反而继续说道：“你们今天却真是‘六窍皆通’的‘一窍不通’了。既然抓住了要点，还有什么难的呢？”

……仍然是没有人回答。

“我知道，大家平常惯用横竖两条线，每一条表示一种量，现在碰到了三种量，这一窍却通不过来，是不是？其实题目上虽有三个量，何尝不可以只用两条线，而让其中一条线来兼差呢？”

“工人数是一个量，米数又是一个量，米是工人吃掉的。至于天数不过表示每人多吃几餐罢了。这么一想，比如用横线兼表人数和天数，每6人一段，取4段不就行了吗？这一来纵线自然表示米数了。”

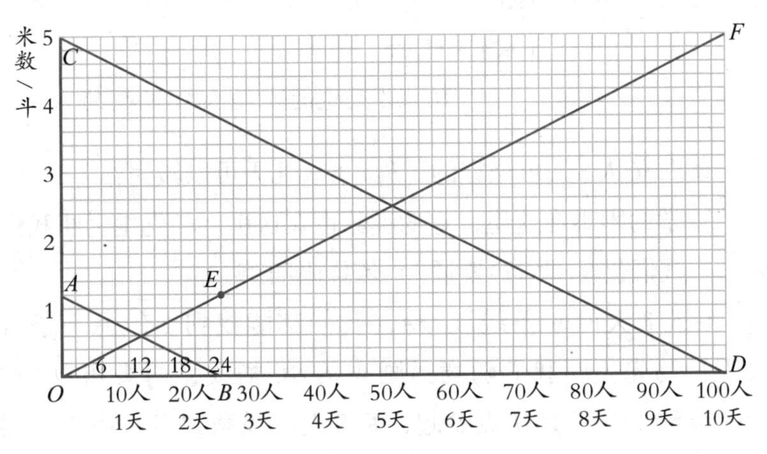

图 5-1

“如图 5-1，由 6 人 4 天得点 B，1 斗 2 升在点 A，连 A，

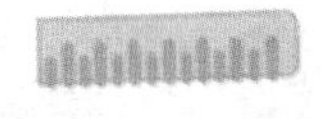

B就得一条直线。再由10人10天得点D，过点D画直线平行于AB，交纵线于点C。”

“吃多少米？”马先生画出了图问。

“5斗！”大家高兴地争着回答。

马先生在图上6人4天那点的纵线和1斗2升那点的横线相交的地方，作了一个点E，又连OE并延长，与10人10天的纵线交于点F，又问：“吃多少米？”

大家都笑了起来，原来一条线也就行了。

至于这题的算法，就是先求出一人一天吃多少米，所以叫作“归一法”。

$$(1.2 \div 4 \div 6) \times 10 \times 10 = 5$$

6人4天吃的 ⋮ 1.2

6人1天吃的 ⋮ 1.2 ÷ 4

1人1天吃的 ⋮ 1.2 ÷ 4 ÷ 6

10人1天吃的 ⋮ (1.2 ÷ 4 ÷ 6) × 10

10人10天吃的 ⋮ (1.2 ÷ 4 ÷ 6) × 10 × 10 = 5

例2：6人8天可做完的工程，8人几天可以做完？

算学的困难在这里，它的趣味也在这里。马先生仍叫我们画图，我们仍是“六窍皆通”！依样画葫芦。

6人8天的一条线段OA，我们都能找到。但另一条直线呢！马先生叫我们随意另画一条BC横线，两头和OA在同一纵线上，于是从点B起，每8人一段截到点C为止，共是6段，便是6天可以做完。

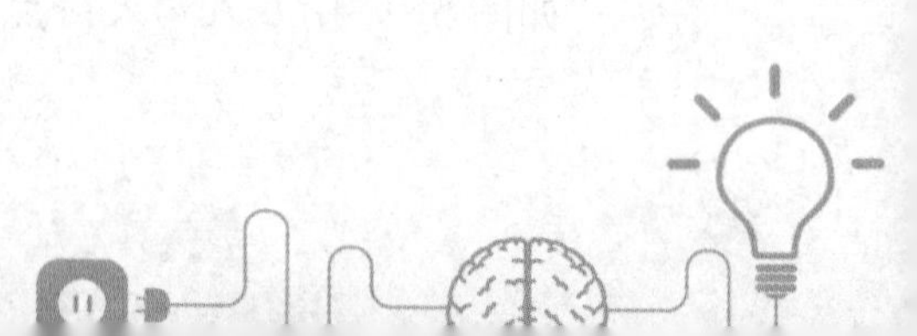

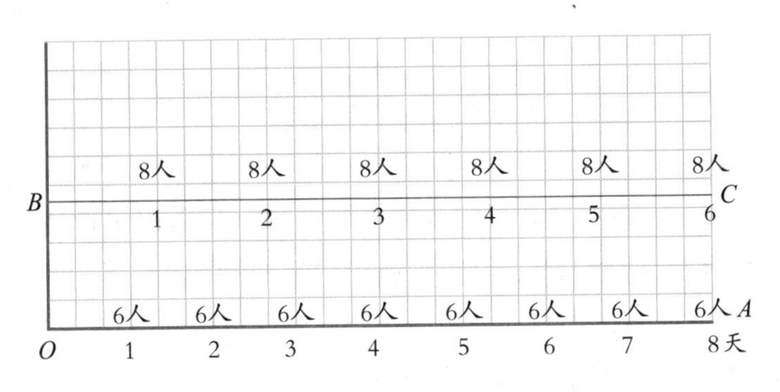

图 5-2

马先生说："这题倒不怪你们做不出，这个只是一种变通的做法，正规的画法留到讲比例时再说，因为这本是一个反比例的题目，和例1正比例不同。所以就算法上说，也就显然相反。"

$$\underbrace{8\times6}_{\text{工程总量}}\div8=\underset{\text{8人做所需天数}}{6}$$

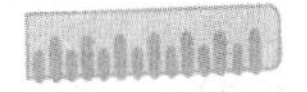
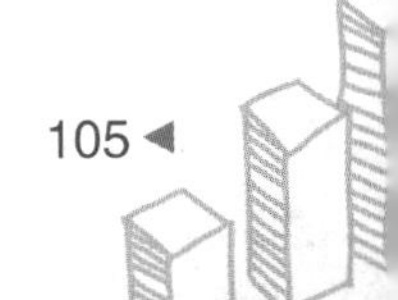

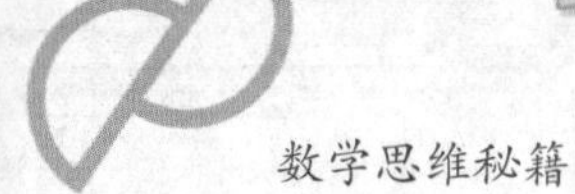

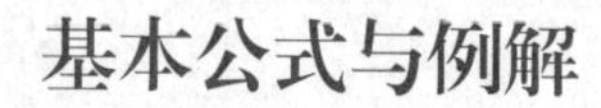

基本公式与例解

归一法是为了进行比较数据、结果，先求出单位数量，再以单位数量为标准，计算出所求数量的解题方法。用归一法可以解答整数、小数和分数应用题。有些应用题用其他方法解答比较麻烦，用归一法解答则简单易懂。归一法有三个重要公式：

总数÷份数=一份量

总数÷一份量=份数

一份量×份数=总数

根据所求一份量步骤的繁简，可以分为一次直进归一法、一次逆转归一法、二次直进归一法、二次逆转归一法四种。

1. 一次直进归一法

通过一步运算求出单位数量后，再求出若干个单位数量和的解题方法叫作一次直进归一法。

例1：某零件加工小组，5天加工零件1500个。照这样计算，14天加工零件多少个？

解：1天加工零件：1500÷5=300（个）；

14天加工零件：300×14=4200（个）。

综合算式：1500÷5×14=4200（个）。

答：14天加工零件4200个。

例2：一辆汽车从甲地到乙地8小时行驶了全程的$\frac{4}{7}$。照这样计算，这辆汽车再行驶几小时可以到达乙地？

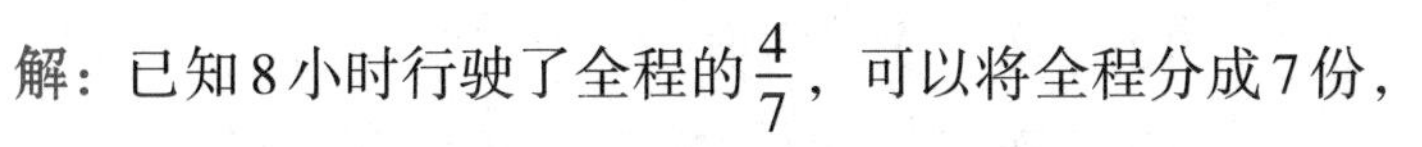

解：已知8小时行驶了全程的$\frac{4}{7}$，可以将全程分成7份，

已经行驶了4份，还剩下全程的7－4＝3份。还可知，行驶4份用的时间是8小时。

行驶1份用的时间是8÷4＝2（时），

行驶剩下的3份用的时间是2×3＝6（时）。

答：这辆汽车再行驶6小时可以到达乙地。

2. 一次逆转归一法

通过一步计算求出单位数量，再求总数量里包含多少个单位数量的解题方法，叫作一次逆转归一法。

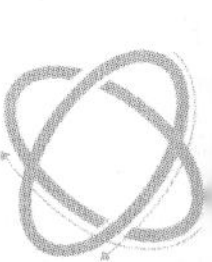

例：一列火车3小时行驶390千米，照这样的速度，这列火车要行驶1300千米的路程，需要多少小时？

解：1小时行驶：390÷3＝130（千米），

行驶1300千米需要：1300÷130＝10（时）。

综合算式：1300÷（390÷3）

＝1300÷130

＝10（时）。

答：需要10小时。

3. 二次直进归一法

通过两步计算求出单位数量，再求若干个单位数量和的解题方法叫作二次直进归一法。

例：4辆同样的卡车7次共运货物224吨。照这样计算，9辆同样的卡车10次可以运货物多少吨？

解：4辆卡车一次运货物：224÷7＝32（吨）。

1辆卡车一次运货物：32÷4＝8（吨）。

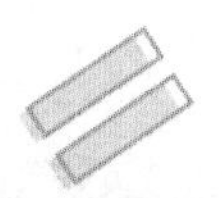

9辆卡车一次运货物：$8\times9=72$（吨）。

9辆卡车10次运货物：$72\times10=720$（吨）。

综合算式：　$224\div7\div4\times9\times10$

$=32\div4\times9\times10$

$=8\times9\times10$

$=720$（吨）。

答：9辆同样的卡车10次可以运货物720吨。

4. 二次逆转归一法

通过两步计算，求出单位数量之后。再求出总数量里包含多少个单位数量的解题方法，叫作二次逆转归一法。

例：3台拖拉机8小时耕地4.8公顷。照这样计算，9公顷地用5台拖拉机耕，需要多少小时呢？

解：1台拖拉机1小时耕地：$4.8\div3\div8=0.2$（公顷）。

5台拖拉机耕9公顷土地：$9\div5\div0.2=9$（时）。

综合算式：　$9\div5\div(4.8\div3\div8)$

$=9\div5\div0.2$

$=9$（时）。

答：9公顷地用5台拖拉机耕，需要9小时。

应用习题与解析

1. 基础练习题

（1）用一台大型抽水机浇地，5小时浇了15公顷。照这样计算，再浇3小时，又可以浇地多少公顷？

考点：一次直进归一法。

分析：1小时浇地：$15\div5=3$（公顷）。

3小时浇地：$3\times3=9$（公顷）。

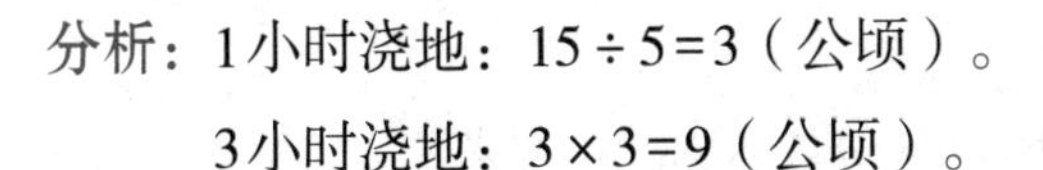

解：$15\div5\times3$

$=3\times3$

$=9$（公顷）。

答：再浇3小时，又可以浇地9公顷。

（2）一辆汽车3小时行驶了123.6千米。照这样的速度，再行驶4小时，这辆汽车一共行驶了多少千米？

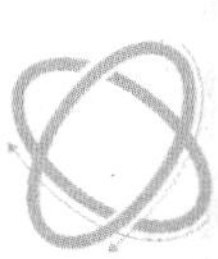

考点：一次直进归一法。

分析：1小时行驶：$123.6\div3=41.2$（千米）。

前后共行驶的时间：$3+4=7$（时）。

一共行驶的路程：$41.2\times7=288.4$（千米）。

解：$123.6\div3\times(3+4)$

$=41.2\times7$

$=288.4$（千米）。

答：这辆汽车一共行驶了288.4千米。

（3）一个林场五月份伐木240立方米，比六月份少$\frac{1}{6}$。照这样计算，这个林场六月份伐木多少立方米？

考点：一次直进归一法。

分析：已知五月份伐木240立方米，比六月份少$\frac{1}{6}$，所以六月份的伐木量是单位“1”。把六月份的伐木数量平均分成6份，五月份的伐木数量就相当于六月份伐木数量的5份。

解：$240\div5\times6$

$=48\times6$

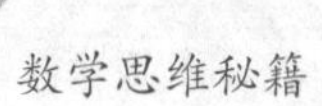

=288（立方米）。

答：这个林场六月份伐木288立方米。

（4）仓库里原有红糖和白糖一共630千克，其中白糖占$\frac{4}{5}$，又运进一些红糖后，红糖占两种糖总量的$\frac{3}{10}$。后来运进红糖多少千克？

考点：一次直进归一法。

分析：由“原来白糖占$\frac{4}{5}$”可知，把630千克糖平均分成5份，白糖占4份，红糖占1份。由“又运进一些红糖后，红糖占两种糖总量的$\frac{3}{10}$”可知，运进一些红糖后，把两种糖的总重量平均分成10份，红糖占3份，白糖占7份。

解：　$630\div5\times4$

$=126\times4$

$=504$（千克）。

$504\div7\times10$

$=72\times10$

$=720$（千克）。

$720-630=90$（千克）。

答：后来运进红糖90千克。

（5）某人骑自行车从甲地到乙地，2小时行驶了26千米，剩下的路程是52千米。按照这样的速度，这个人从甲地到乙地要行驶几小时？

考点：一次逆转归一法。

分析：1小时行驶：$26\div2=13$（千米）。

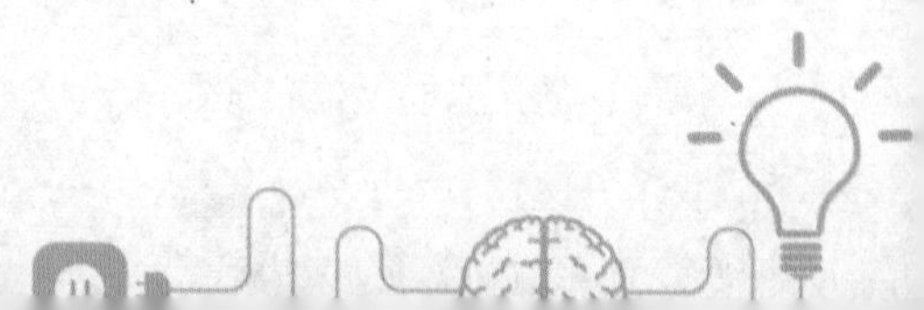

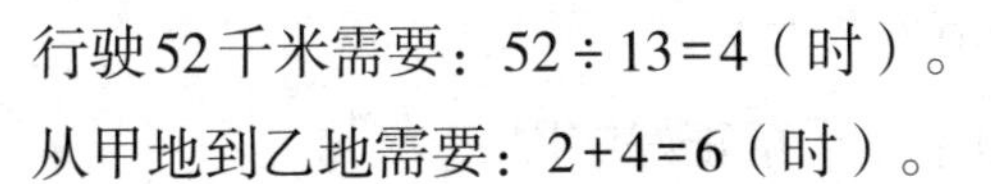

行驶52千米需要：52÷13=4（时）。

从甲地到乙地需要：2+4=6（时）。

解：2+52÷（26÷2）

=2+52÷13

=2+4

=6（时）。

答：这个人从甲地到乙地要行驶6小时。

（6）学校买来135米塑料绳，先剪下9米做了5根跳绳。照这样计算，剩下的塑料绳可以做多少根跳绳？

考点：一次逆转归一法。

分析：1根跳绳长度：9÷5=1.8（米）。

剩下的塑料绳长度：135−9=126（米）。

剩下的绳子可以做跳绳：126÷1.8=70（根）。

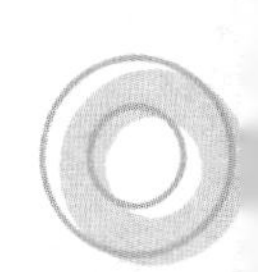

解：（135−9）÷（9÷5）

=126÷1.8

=70（根）。

答：剩下的塑料绳可以做70根跳绳。

（7）有12头牛3天吃干草720千克，牵走3头牛后，有720千克干草要给剩下的牛吃4天。干草够用不够用？

考点：二次直进归一法。

分析：1头牛1天吃干草：720÷12÷3=20（千克）。

牵走3头牛后剩下牛的数量：12−3=9（头）。

9头牛4天吃干草：20×9×4=720（千克）。

解：720÷12÷3×（12−3）×4

=20×9×4

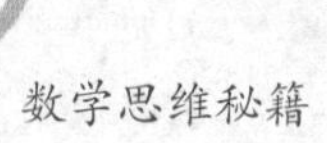

=720（千克）。

答：720千克干草正好够用。

（8）手工剪羊毛，第一天4人6小时剪羊毛120千克，第二天增加了同样工作效率的3个人，还是工作6小时。两天一共剪羊毛多少千克？

考点：二次直进归一法。

分析：1人1小时剪羊毛：$120\div4\div6=5$（千克）。

增加3个人后共有：$4+3=7$（人）。

7个人6小时剪羊毛：$5\times7\times6=210$（千克）。

两天一共剪羊毛：$120+210=330$（千克）。

解：$120+120\div4\div6\times(4+3)\times6$

$=120+5\times7\times6$

$=120+210$

$=330$（千克）。

答：两天一共剪羊毛330千克。

（9）7名工人10小时生产机器零件420个，在缺席2名工人的情况下，生产330个机器零件，需多少小时？

考点：二次逆转归一法。

分析：1名工人1小时生产机器零件：$420\div7\div10=6$（个）。

缺席2名工人，剩下工人：$7-2=5$（名）。

5名工人生产330个机器零件需要用：

$330\div5\div6=11$（时）。

解：$330\div(7-2)\div(420\div7\div10)$

$=330\div5\div6$

$=11$（时）。

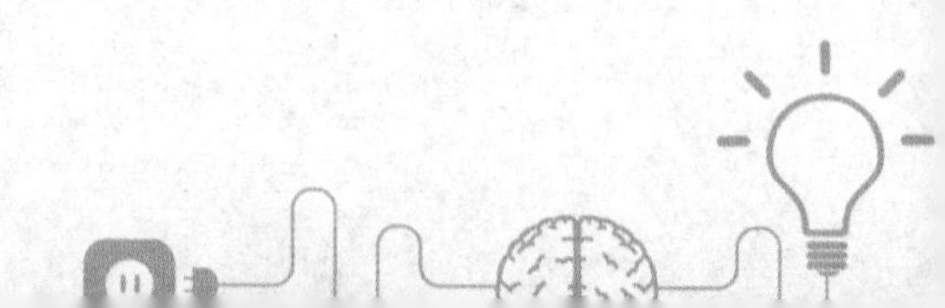

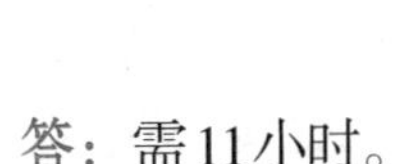

答：需11小时。

（10）有900立方米的土，需要25人12天挖完。如果增加5人，可以提前几天挖完？

考点：二次逆转归一法。

分析：原来1人1天挖土：$900 \div 12 \div 25 = 3$（立方米）。

增加5人后共有：$25 + 5 = 30$（人）。

30人挖完土的时间：$900 \div 30 \div 3 = 10$（天）。

可以提前：$12 - 10 = 2$（天）。

解：　$12 - 900 \div (25 + 5) \div (900 \div 25 \div 12)$

$= 12 - 900 \div 30 \div 3$

$= 12 - 10$

$= 2$（天）。

答：如果增加5人，可以提前2天挖完。

2. 提高练习题

（1）王家养了5头奶牛，7天产牛奶630千克。照这样计算，8头奶牛15天可产牛奶多少千克？

分析：以1头奶牛1天产的牛奶为单一量。

1头奶牛1天产牛奶：$630 \div 5 \div 7 = 18$（千克）。

8头奶牛15天可产牛奶：$18 \times 8 \times 15 = 2160$（千克）。

解：　$(630 \div 5 \div 7) \times 8 \times 15$

$= 18 \times 8 \times 15$

$= 144 \times 15$

$= 2160$（千克）。

答：8头奶牛15天可产牛奶2160千克。

（2）一辆汽车从甲地开往乙地，每小时行驶60千米，5

小时到达。如果要4小时到达，每小时需要多行驶多少千米？

分析：从甲地到乙地的路程是一定的，以路程为总量。

从甲地到乙地的路程：60×5=300（千米）。

4小时到达，每小时需要行驶：300÷4=75（千米）。

每小时多行驶：75−60=15（千米）。

解：（60×5）÷4−60

=300÷4−60

=75−60

=15（千米）。

答：每小时需要多行驶15千米。

（3）4辆大卡车运沙土，7趟共运走沙土336吨。现有沙土420吨，要求5趟运完。需要增加同样的卡车多少辆？

分析：以1辆卡车1趟运的沙土为单一量。

1辆卡车1趟运沙土：336÷4÷7=12（吨）。

5趟运走420吨沙土需卡车：420÷12÷5=7（辆）。

需要增加卡车：7−4=3（辆）。

解：420÷（336÷4÷7）÷5−4

=420÷12÷5−4

=7−4

=3（辆）。

答：需要增加同样的卡车3辆。

（4）修一条公路，原计划60人工作，80天完成。现工作20天后，又增加了30人。照这样计算，剩下的部分再用多少天可以完成？

分析：修这条公路需要的工作总量：60×80=4800。

60人工作20天后，还剩下：$4800-60\times20=3600$。

增加30人后完成剩下的工程还需：

$3600\div(60+30)=40$（天）。

解：$(60\times80-60\times20)\div(60+30)$

$=(4800-1200)\div90$

$=3600\div90$

$=40$（天）。

答：剩下的部分再用40天可以完成。

（5）某水库上游有农田需要抽水浇地，抽水站七月上旬用一台柴油机从水库抽水，用去库存柴油的$\frac{1}{5}$，油库剩下柴油200千克。七月中下旬农田用水量需要增加，这个抽水站准备同时用4台柴油机抽水。这个抽水站最少还应准备多少千克柴油？

分析：因为油库剩下柴油200千克是库存柴油的$\frac{4}{5}$，所以5份中的1份是$200\div4=50$（千克）。

1台柴油机1天用油：$50\div10=5$（千克）。

因为七月有31天，上旬10天，中旬10天，下旬11天，所以中下旬一共是$10+11=21$天。

4台柴油机21天用油：$5\times4\times21=420$（千克）。

还应准备柴油：$420-200=220$（千克）。

解：$200\div4\div10\times4\times21-200$

$=5\times4\times21-200$

$=420-200$

$=220$（千克）。

答：这个抽水站最少还应准备220千克柴油。

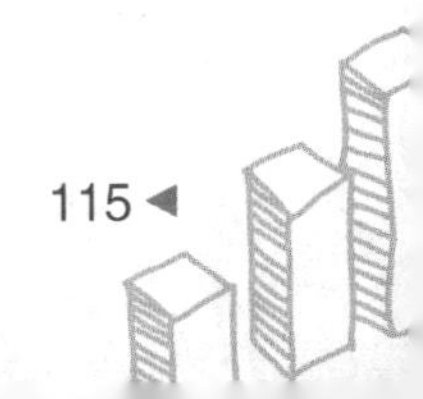

奥数习题与解答

1. 基础训练题

（1）用4辆车一天运水泥30吨，照这样计算，8辆车几天能够运120吨水泥？

解：这道题“不方便”计算“1辆车”能够运多少吨水泥，因为4不能整除30。我们可以把4辆车理解为“1份”，则8辆车为2份。

120÷[30×（8÷4）]

=120÷60

=2（天）。

答：8辆车2天能够运120吨水泥。

（2）一批产品，28人25天可以生产完，生产5天后，这项任务需要提前10天完成。应该增加多少人才能保证完成任务？

解：（28×25−28×5）÷（25−5−10）−28

=（700−140）÷10−28

=28（人）。

答：应该增加28人才能保证完成任务。

（3）小红生病住院了，为了祝她早日康复，A班和B班一起为她叠千纸鹤，两个班的同学3天一共叠了2400只千纸鹤。现在两个班级的同学同时开始叠，在相同的时间内，A班叠了2430只，B班叠了2370只。那么A班和B班每天各叠多少只千纸鹤？

解：（2430＋2370）÷（2400÷3）

=4800÷800

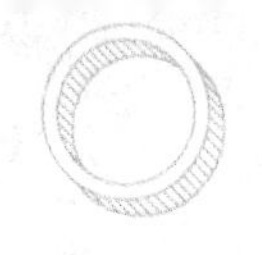
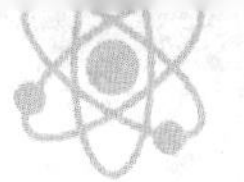

=6（天）。

2430 ÷ 6=405（只）；

2370 ÷ 6=395（只）。

答：A班每天叠405只，B班每天叠395只。

（4）养兔场有黑、白、灰三种颜色的兔子，其中$\frac{3}{5}$是黑兔，$\frac{1}{4}$是白兔，其余是灰兔。已知黑兔比白兔多21只，灰兔有多少只？

解：先把$\frac{3}{5}$和$\frac{1}{4}$通分成$\frac{12}{20}$和$\frac{5}{20}$，通分后可以看出，把全部兔子平均分成20份，黑兔占12份，白兔占5份，则灰兔占20−12−5=3（份）。

黑兔比白兔多21只，对应的份数是12−5=7（份）。

每一份的只数是21 ÷ 7=3（只）。

灰兔的只数是3 × 3=9（只）。

答：灰兔有9只。

2. 提高练习题

（1）甲、乙、丙三人在外出时买了8个面包，平均分给三个人吃。甲没有带钱，乙付了5个面包的钱，丙付了3个面包的钱，后来甲带来了他应付的48元钱。他应该还给乙和丙分别多少钱？

解：48 × 3 ÷ 8=18（元）。

18 × 5−48=42（元）。

18 × 3−48=6（元）。

答：应该还给乙42元，还给丙6元。

（2）有一笔奖金，分为三个等次，每个一等奖金额是每个二等奖金额的2倍，每个二等奖金额是每个三等奖金额的2倍。如果一、二、三等奖各2个，那么每个一等奖金额为308元。如果设1个一等奖，2个二等奖和3个三等奖，那么一等奖的金额是多少元？

解：　$(308+308\div2+308\div4)\times2$

$=(308+154+77)\times2$

$=1078$（元）。

设三等奖的金额为x元，则二等奖的金额为$2x$元，一等奖的金额为$4x$元。

$3x+2\times2x+4x=1078$，

$11x=1078$，

$x=98$。

$4x=392$。

答：一等奖的金额是392元。

课外练习与答案

1. 基础练习题

（1）某工程队16个工人9天能挖水渠1872米。照这样计算，27个工人14天能挖多少米？

（2）砖厂用3台制砖机4小时生产砖坯4.8万块。照这样计算，8台制砖机8小时可制多少万块砖坯？

（3）3台磨面机8小时可磨面粉33.6吨，现磨面机增加到12台。照这样计算，要磨面粉168吨需多少小时？

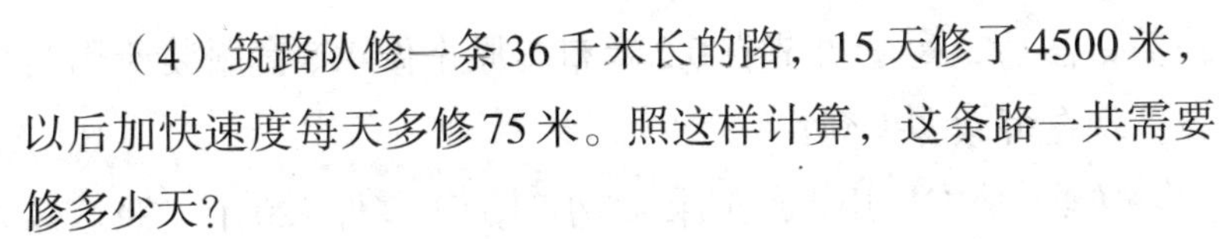

（4）筑路队修一条36千米长的路，15天修了4500米，以后加快速度每天多修75米。照这样计算，这条路一共需要修多少天？

（5）工厂运来一堆煤，如果每天烧煤1500千克，6天就能烧完。照这样计算，如果每天烧煤1000千克，可以多烧几天？

（6）某车间计划20人每天工作8小时，8天完成一批订货；后来要提前交货，改由32人工作，限4天完成。现在每天需工作几小时？

（7）2辆汽车1个月用汽油1200升，5辆汽车8个月用汽油多少升？现有36000升汽油，够几辆汽车用3个月？（假设每辆汽车每个月用汽油的量相同，一个月按30天计算）

（8）李庄大队修水渠1800米，计划用75人12天修完。如果再增加15人，几天能修完？

（9）某水泥厂计划24天完成一批任务，每天应生产45吨水泥，改进技术后，每天比原计划多生产15吨。这样能够提前几天完成任务？

（10）若自来水公司规定：每人每月用水不超过2吨时，按每吨1.8元收费；超过2吨的部分按每吨5元收费。照这样计算，小王家3口人，上月共用水8.4吨，应缴水费多少元？

2. 提高练习题

（1）学校铺操场，35人3小时铺1260平方米。照这样计算，40人铺2880平方米要多少小时？

（2）A城到B城，汽车原计划以65千米/时的速度行驶，4小时到达，而实际却用了5小时。实际速度比原计划慢多少？

（3）某服装厂原来制一套成人服装需用布2.5米，改进

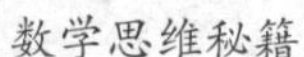

裁剪方法后，每套可节省0.2米布。原来做460套服装所用的布，现在可做多少套？

（4）某工厂用4台车床4.5小时加工零件720个。照这样计算，2小时要加工560个零件，需要多少台车床加工？

（5）一个滴水的水龙头每天要浪费10升水。照这样计算，这个水龙头一年（一年按照365天计算）要浪费多少升水？假设某市有1000个这样的水龙头，一天要浪费多少升水？

（6）小明用20节废旧电池到回收中心换回4节新电池。照这样计算，要换回20节新电池，需多少节废旧电池？

（7）甲乙两人拿出同样多的钱，合买一箱苹果，甲分得12千克，乙分得18千克，结果乙要给甲6元。苹果每千克多少元？

（8）运送一批货物，用3辆大卡车8小时可以运完；用4辆小卡车9小时可以运完。现在用2辆大卡车和2辆小卡车同时运，几小时可以运完？

3. 经典练习题

（1）一项工程，预计15个工人每天做4小时，18天可以完成。如果工人增加3人，且每天的工作时间增加1小时，完成这项工程一共需要多少天呢？

（2）某车间原计划15人3天做900个零件，生产期间又增加了一批任务，在工作效率相同的情况下，这批任务需要10人8天才能全部完成。这批任务增加了多少个零件？

（3）修一条长1944米的水渠，54人12天可修好。如果增加18人，天数缩短到原来的一半，可以修多少米？

（4）某化肥厂计划用40天生产化肥3400吨，实际前8天

生产化肥720吨。照这样计算，40天可以超产多少吨？

（5）学校买来一些足球和篮球，已知买3个足球和5个篮球共需281元，买3个足球和7个篮球共需355元。买5个足球和4个篮球，一共要花多少元？

答　案

1. 基础练习题

（1）27个工人14天能挖4914米。

（2）8台制砖机8小时可制25.6万块砖坯。

（3）要磨面粉168吨需10小时。

（4）这条路一共需要修99天。

（5）可以多烧3天。

（6）现在每天需工作10小时。

（7）5辆汽车8个月用24000升；36000升汽油，够20辆汽车用3个月。

（8）10天能修完。

（9）能够提前6天完成任务。

（10）应缴水费22.8元。

2. 提高练习题

（1）40人铺2880平方米要6小时。

（2）实际速度比原计划慢13千米/时。

（3）现在可做500套。

（4）需要7台车床加工。

（5）这个水龙头一年要浪费3650升水，1000个这样的水

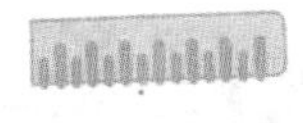

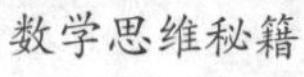

龙头一天浪费10000升水。

（6）需100节废旧电池。

（7）苹果每千克2元。

（8）7.2小时可以运完。

3. 经典练习题

（1）完成这项工程一共需要12天。

（2）这批任务增加了1600个零件。

（3）可以修1296米。

（4）40可以超产200吨。

（5）一共要花308元。

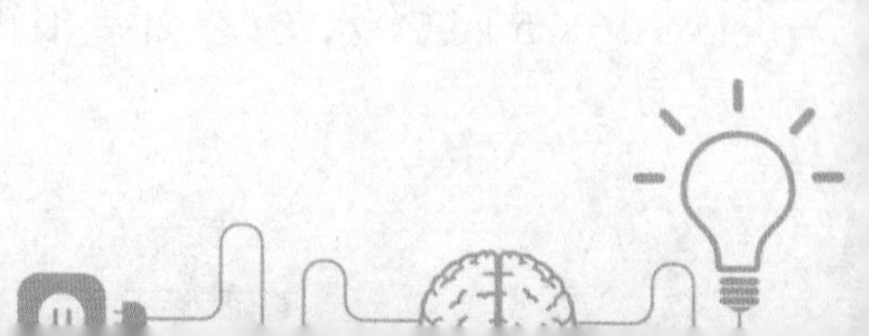